21 世纪高等院校计算机职业教育系列规划教材

Flash 8 动画设计教程与上机实训

孙坤　曾兆青　于春友　范强　主编

中国铁道出版社
CHINA RAILWAY PUBLISHING HOUSE

内 容 简 介

　　本书较系统地讲述了 Flash 8 从基础动画到高级动画的制作。主要内容包括：基础绘图知识，变形动画、运动动画、帧动画的制作；遮罩层的使用，引导层的使用；高级交互动画的制作，利用 Flash 制作网页等。

　　本书注重培养学生的各项能力，将枯燥的知识融入生动的示例中。通过每章的上机实训可以对前面的知识进行强化。

图书在版编目（CIP）数据

Flash 8 动画设计教程与上机实训 / 孙坤等主编. —北京：中国铁道出版社，2007.12
　（21 世纪高等院校计算机职业教育系列规划教材）
　ISBN 978-7-113-08497-4

　Ⅰ. F…　Ⅱ. 孙…　Ⅲ. 动画－设计－图形软件，Flash 8－高等学校：技术学校－教材　Ⅳ. TP391.41

中国版本图书馆 CIP 数据核字（2007）第 202201 号

书　　名：	Flash 8 动画设计教程与上机实训
作　　者：	孙　坤　曾兆青　于春友　范　强
出版发行：	中国铁道出版社（100054，北京市宣武区右安门西街 8 号）
策划编辑：	严晓舟　郭毅鹏
责任编辑：	郭毅鹏
封面制作：	白　雪
责任校对：	刘彦会
印　　刷：	三河市华丰印刷厂
开　　本：	787×1092　1/16　印张：12.75　字数：278 千
版　　本：	2008 年 1 月第 1 版　　2008 年 1 月第 1 次印刷
印　　数：	1～5 000 册
书　　号：	ISBN 978-7-113-08497-4/TP · 2663
定　　价：	20.00 元

编 委 会

丛书序

丛书编写目的

近几年来，职业技术教育事业得以蓬勃发展，全国各地的培训学校和高等职业院校以及高等专科学校无论是从招生人数还是学校的软硬件设施上都达到了相当的规模。随着我国经济的高速发展，尽快提高职业技术教育的水平显得越来越重要。

与发达国家相比，我国职业技术教育教材的发展比较缓慢，并且滞后，远远跟不上职业技术教育发展的需求。我们常常提倡职业教育的实用性，但在课堂教学中仍然使用理论性教材进行职业实践教学。针对这种现状，急需推出一系列切合当前教育改革需要的高质量的优秀职业技术实训型教材。本套教材总结了目前优秀计算机职业教育专家的教学思想与经验，广大职业教育一线老师共同探讨，开发出了本套适合于我国职业教育教学目标和教学要求的教材，它是一套能切实提高学生专业动手实践能力和职业技术素养的教材。通过本系列教材的编写和推广应用，不仅有利于推动社会培训学校和高职高专办学体制和运作机制的改革，提高职业技术教育的整体水平；而且有助于加快改进职业技术教育的办学模式、课程体系和教学培训方法，形成具有特色的职业技术教育体系。并且有助于扩大职业培训和继续教育的市场需求，有利于职业技术教育的可持续发展。

另外，社会对学生的职业能力的要求不断提高，从而催化出了许多新型的课程结构和教学模式。新型教学模式必须以工作为基础模仿学习，它将学生置于一种模拟环境中，呈现给学生的是具有挑战性、真实性和复杂性的问题，使学生在健康不受影响和经济不受损失的前提下，得到较真实的锻炼，这就是本套教材编写的初衷。新型教材的结构必须按照职业能力的要求创建，并组织实施新的教学模式。教学以专项能力的培养展开，以综合能力的形成为目标，能力的培养既是教学目标，又是评估的依据和标准。因此，在教材的编写上，就是以实训为主，以培养实际的职业能力为目标。据了解，一批师资实力雄厚、敢于创新的职业院校和培训学校都纷纷采用计算机实训教材作为主教材，理论教材为辅导教材。以培训学生能力为目的，让学生重点学会如何操作，至于原因，则不是职业教育的重点。所以职业教育的重点是从实践中领悟、然后回头学习必要的理论，总结理论，再用理论指导实践，然后再实践。在这一个循环过程中，学生的实践能力将得到迅速提高。

丛书特色

本丛书明确定位于计算机初、中级用户。不管是培训班学员还是高职高专院校的师生，都可以通过本丛书快速进入计算机科学的大门，学到实用的计算机职业技能；对于自学者，本套教程也具有参考价值，大量案例和实用技巧可供自学者随时模仿学习和在工作中参阅。

本套丛书主要具有如下几个方面的特点。

（1）针对性强

本丛书针对初学者基础差、理解能力弱的特点，从基础知识入手，介绍最基本的计算机知识、最基本的操作以及最需要掌握的计算机职业技能，符合二八法则，介绍计算机的 20％功能，做 80％的事。符合从事计算机职业教育的学校需要。

（2）品种比较齐全

本丛书的所有课程都是围绕着职业素质训练展开的。我们根据计算机相关职业把计算机教程划分为四大类别。

- 应用类：主要面向广大计算机家庭用户、企事业单位的文员、秘书和行政助理、打字排版人员等计算机应用人员。
- 设计类：主要面向平面设计师、网页设计师、三维动画设计师等计算机设计专业人员。
- 网络类：主要面向网络管理员、系统集成工程师、安全工程师等网络类专业人员。
- 编程类：主要面向软件开发工程师、软件测试工程师等编程类专业人员。

以上4类内容基本涵盖了计算机应用的主要领域。本丛书的选题既考虑了每门课程本身的完整性，又兼顾了课程间的联系与衔接。每一本书可能都自成一体，完全满足相应课程的教学要求，使得培训学校或读者可以根据需要灵活地进行选择和组合，满足个性化学习的需要。不管读者是什么样的情况，都能在本丛书中找到适合自己需要的教程。

（3）结构清晰，循序渐进

本丛书根据初学者的学习习惯和心理，做到从零开始，内容结构清晰，循序渐进，对基础较差、理解能力较差的人来说也非常适用。

（4）可操作性强

计算机是一门操作性强、需要动手能力的课程，在计算机学习过程中，一半以上的时间需要上机操作。因此，本套教材设置了专门的上机实训，不但可供学生自己上机自学，提高自学效果，还可以作为实训课专门的练习内容，课后的综合操作题，更能巩固所学内容的学习效果。

（5）重点突出

由于计算机的知识点很多，有的难以掌握，有的则一点就通。而市面上有些培训教材则把常用和不常用的都放在一起进行讲解，没有关键步骤的提示，使读者无法完全理解计算机操作的重点、难点与关键点。以致使学员难以学到很实用的东西，因为往往难点、重点就是最实用的知识。本套丛书充分考虑到学习的难点和重点，在介绍时不但解释明白、详尽，还会做出一些提示。

（6）有合适的习题和教学辅助手段

在计算机培训中，一般都是使用幻灯片进行教学，这样既给老师节省书写时间，又比较直观，教学效果更为明显，本套教材将配备精心制作的 PPT 课件，放在网上供用户下载。另外，为了巩固知识和定时检查教学效果，需要对学员布置一定的习题或者进行考核，这时就需要提供有一定数量和一定水平的习题或者题库。而且习题对于自学人员来说也是非常重要的。因此，本套丛书的习题包括填空题、选择题、判断题和操作题。操作题主要为与本章内容相关的操作题，要求读者根据具体要求和具体效果，自己操作练习，通过练习提高操作技能和操作技巧。习题写得具体明确，非常适合初学者练习。

关于作者

丛书由执教多年，且有较高学术造诣的老师编写。他们长期从事这方面的教学和研究工作，积累了丰富的经验，对相应课程有较深的体会和独到的见解，本丛书就是他们多年教学经验的结晶。

读者定位

本套丛书适用于计算机职业教育院校的老师和学生，包括高职高专院校、社会办计算机培训学校、民办学校、公司内部计算机培训班及公务员计算机培训等。

互动交流

读者的进步是我们的心愿。如果您发现书中有任何疑惑之处，或有建议和意见，都可以登录我们的售后服务网站：http://www.itrain.com.cn，本网站提供的主要服务是：

- 为每一本教材制作的 PPT 幻灯片，可以在此下载。对于一些素材，也随时在网上提供。
- 提供相关科目的网络教材，主要是提供学习资料给学员，提供教学资料给老师和学校，另外，还提供网上答疑，提供网络考试系统。
- 其他相关的服务，比如老师培训业务，接收老师的投稿等。

特别致谢

在此，感谢为本套丛书编写书稿付出辛劳的老师们。感谢为本丛书出版提供帮助的各界人士。

乘风破浪会有时，直挂云帆济沧海。愿这套书为中国的计算机职业教育添砖加瓦，为伟大的中华民族的复兴贡献出应有的力量。

丛书编委会
2006 年 2 月

前　言

自动画诞生以来，它的作用已被越来越多的人所重视。透过动画，人们可以表达各种各样的信息，商家可以用它来宣传企业和产品，教师可以用它来传授知识，文化工作者可以用它来宣传文化等，它已逐渐成为网络上的宠儿。

Macromedia 公司开发的动画制作软件已经发展到了 Flash professional 8 版本。Flash professional 8 使得动画的制作更加得心应手。例如新增加的时间轴特效，不但种类齐全，使用起来也相当方便。

本书共分为 11 章。第 1 章简单地介绍了 Flash professional 8，使读者对这款软件有一个整体的印象；第 2 章是为制作优秀动画打好根基，只有扎实地打好根基，才能扫清前进路上的障碍，不断地越走越远；在第 2 章的基础上，再学习一下有事半功倍作用的辅助技巧是相当有必要的，通过对第 3 章的学习，能够激发读者的灵感，为读者的动画增添一种迷人的色彩；接下来的第 4 章将是 Flash 技术的一个核心，在这里读者将会了解时间轴的概念和如何制作简单的动画；第 5 章是动画制作使用的最主要的技术之一；第 6 章则告诉读者 Flash 是可以实现资源共享的；第 7 章是动画制作中的另一主要的技术；而通过第 8 章的学习，使得读者的动画更加完美，总之通过第 5、6、7、8 章的学习，使读者能熟练地制作复杂的动画；通过第 9 章的学习，读者将会了解到高级动画的制作；第 10 章介绍了动画的后期处理；第 11 章通过几个综合实例整合所学的知识，形成一个合理的、牢固的知识架构。

基于时间问题及作者的水平有限，本书中难免存在不恰当之处，敬请各位读者批评指正。

作　者

2007 年 7 月

目　录

第 1 章 Flash 基础

学习目的与要求：

Flash 是一款动画制作的软件，它在人们的工作、学习和生活中起着越来越重要的作用。它不但可以制作出美观的静止画面，还可以描绘出对象的复杂运动，此外还可以使得用户根据自己的需要制作出能够实现人机交互的动画。

本章主要内容：

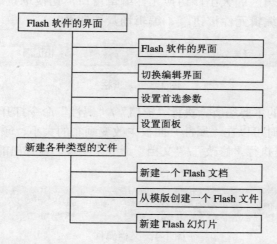

Flash 8 是 Macromedia 公司新开发的一种动画制作软件，通常一种新的版本的诞生，都有它的特殊之处。

Flash 8 的界面更加美观，更易操作。在 Flash 8 中新添加了时间轴特效功能，这是这个版本的一大特色。时间轴特效提供了许多人们常用到的效果，特别对于初学者来说，直接使用这些特效，为动画制作提供了很大的方便。

1.1 初识 Flash 8

通过对工作环境的初始设置，熟悉 Flash 的操作界面；此外要学会新建文档的方法。下面具体来介绍。

1.1.1 工作环境的初始设置

Flash 的操作界面主要是由标题栏、菜单栏、编辑栏、面板、编辑区组成，如图 1-1 所示。它的主要特点就在于面板可以浮动在主窗口之上，方便操作。执行"窗口"/"层叠"命令可以切换到另一种 Flash 编辑方式，如图 1-2 所示。

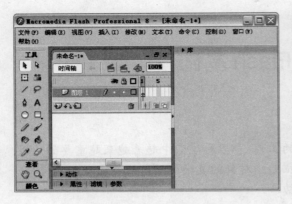 

图 1-1 Flash 的操作界面   图 1-2 另一种编辑界面

编辑栏可以缩放编辑区的大小，切换元件编辑窗口，切换场景编辑窗口，如图 1-3 所示。其中常用的按钮是编辑元件按钮、编辑场景按钮。

图 1-3 编辑栏

编辑区是制作动画的主要场所。执行"窗口"/"属性"命令打开"属性"面板，然后单击编辑区的空白区，这时可以在"属性"面板中改变画布的大小、颜色、帧频等属性，如图 1-4 所示。另一种方法是执行"修改"/"文档"命令来实现，在弹出的对话框中，如图 1-5 所示，设置文档的属性。

图 1-4 文档属性

图 1-5 "文档属性"对话框

注　意

　　帧频是指每秒播放的帧数。每秒播放的帧数越大动画的速度越快。动画制作者根据需要设置，通常情况下默认的都是 12fps。

在标题栏中包含了新建文档的名称，双击标题栏中的 ⬤ 图标，可以关闭 Flash，双击标题栏中的蓝色区域可以还原或最大化 Flash 窗口。菜单栏共有 10 项，利用菜单栏中的菜单可以实现大部分的功能。现在先介绍一些最基本的菜单。

- 文件菜单：执行"新建"命令新建一个 Flash 文档，如图 1-6 所示；执行"打开"命令打开一个文档；执行"从站点打开"文档命令可以从一个站点中选择一个文件打开，如图 1-7 所示；执行"关闭"命令可以关闭当前文档。

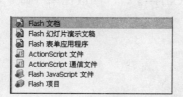

图 1-6　新建一个 Flash 文档　　　　　　图 1-7　从站点打开文档

- 编辑菜单：执行"撤销"命令、"重做"（"重复"）命令能够撤销、恢复（重复）所作的某些操作，它们的快捷键分别是【Ctrl+Z】和【Ctrl+Y】；执行"查找和替换"命令可以查找文本、字体、颜色、元件、声音、视频、位图；执行"首选参数"命令可以设置 Flash 操作环境的初始值，例如在弹出的对话框的"常规"选项卡中可以设置可撤销的步骤数，如图 1-8 所示；执行"快捷键"命令可以查看一些命令的快捷键，如图 1-9 所示。

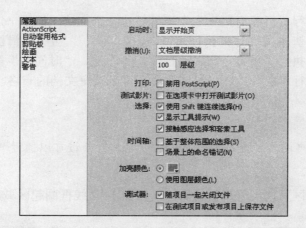

图 1-8　首选参数

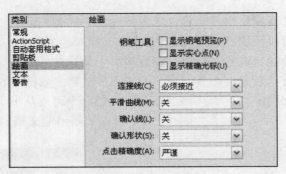

图 1-9　快捷键

- 视图菜单："视图"菜单如图 1-10 所示。执行"转到"命令可以切换场景；执行"放大"、"缩小"、"缩放比率"命令可以缩放画布的属性，其中"放大"命令的快捷键是【Ctrl+=】，"缩小"命令的快捷键是【Ctrl+-】，"缩放比率"命令可以按如图 1-11 所示比例缩放画布大小。

图 1-10　视图菜单

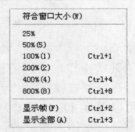

图 1-11　缩放比率

- 窗口菜单：执行"新建窗口"命令可以新建一个文档，但不一定是 Flash 文档，还可以创建动作脚本文件等；执行"窗口"/"工具栏"/"编辑栏"命令可以显示或隐藏编辑栏；执行"项目"、"属性"、"库"、"时间轴"等命令可以把相应的面板打开；执行"层叠"、"平铺"命令可以改变文档的布格。

技 巧

　　使用各种面板可以实现大部分动画制作的功能。面板可以通过"窗口"菜单打开。

单击面板的标题区可以展开或折叠面板，如图 1-12 线框圈起区域所示。

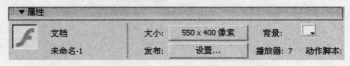

图 1-12　面板的标题区

面板即可以是嵌入的，也可以是浮动在 Flash 的操作界面上，面板可以随意移动位置。把鼠标移动到面板的左上角，当鼠标变成如图 1-13 所示时，拖动面板，可以把嵌入的面板变为浮动。

在编辑区的右边和下边，有一个向右扩展按钮和一个向下扩展按钮，单击向右扩展按钮，如图 1-14 所示，可以显示或隐藏嵌入在 Flash 操作界面右边的面板组；向下扩展按钮如图 1-15 所示，可以显示或隐藏嵌入在 Flash 操作界面下方的面板组。

图 1-13　拖动面板　　　　　图 1-14　向右扩展按钮　　　　图 1-15　向下扩展按钮

隐藏所有面板的设置路径是"窗口"/"隐藏面板"，也可以通过快捷键 F4 隐藏或显示面板。Flash 提供了两种方法管理布局。可以使用默认的工作区布局，它的设置路径是"窗口"/"工作区布局"/"默认"，如图 1-16 所示。此外，通过执行"窗口"/"工作区布局"/"保存当前"命令可以保存当前的布局，并通过执行"管理"命令保存好的布局。

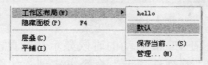

图 1-16　面板设置

Flash 常用的面板有"属性"面板、"工具"面板、"时间轴"面板、"库"面板、"动作"面板等。

1.1.2　新建各种项目

当按照正确的步骤安装好 Macromedia Flash 8 软件之后，启动 Flash，主窗口中显示如图 1-17 所示的向导。

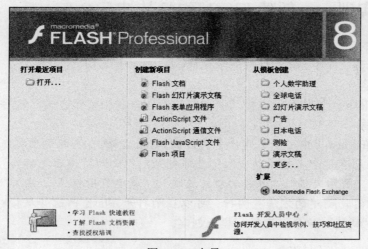

图 1-17　向导

- "打开最近项目"：可以比较方便地打开最近的项目，也可以打开想要编辑的文件。
- "创建新项目"：可以新建 Flash 文档、幻灯片、动作脚本等。
- "从模板创建"："模板"分为"幻灯片演示文稿"、"广告"等类别，如图 1-18 所示。

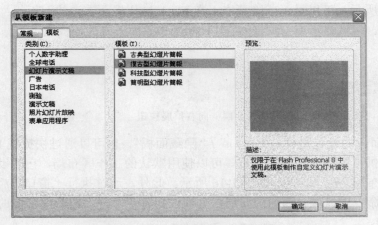

图 1-18 从"模板"创建

设置首选参数。如果不想在 Flash 启动的时候显示开始页，即图 1-17 所示。可以通过执行"编辑"/"首选参数"/"常规选项卡"命令来实现。如图 1-19 所示，在 4 种选项中选择一种。

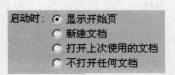

图 1-19 "启动时"的设置

1.2 上机实训——新建 Flash 幻灯片演示文稿

1. 实验目的
本实验将新建一个 Flash 幻灯片演示文稿。

2. 实验内容
新建一个 Flash 幻灯片演示文稿，演示它的制作方法和操作方法，然后保存。

3. 实验过程
实验分析：在 Flash 8 中可以新建一个空白的 Flash 文档，也可以利用模版创建一个 Flash 文档。模版的类别有"个人数字助理"、"全球电话"、"幻灯片演示文稿"、"广告"、"日本电话"、"测验"、"演示文稿"、"照片幻灯片放映"、"表单应用程序"。用户可以在已有的形式上创建文档内容，创建的方法有两种。可以在刚打开 Flash 时选择从模版创建，也可以执行"文件"/"新建"命令，选择从模版创建。

实验步骤：
（1）启动 Flash，在起始页中单击创建一个 Flash 幻灯片演示文稿按钮，操作界面如图

1-20 所示。

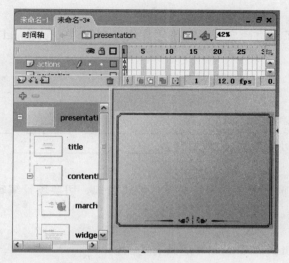

图 1-20　Flash 幻灯片演示文稿操作界面

（2）制作幻灯片的内容：利用"工具"面板中的"文本工具"可以输入文本。执行"窗口"/"工具"命令打开"工具"面板，默认"工具"面板位于 Flash 界面的左边，在编辑区中输入"第 1 章"3 个字。

提 示

　　因为现在的幻灯片对动画的要求越来越高，所以利用动画软件直接制作幻灯片具有一定的优势。随着后面章节的学习，就可以制作一个优秀的演示文稿。

（3）在操作界面中，有用来插入幻灯片的"插入屏幕按钮" ![插入] ，用来删除幻灯片的"删除屏幕按钮" ![删除] ，可以进行幻灯片切换的"编辑屏幕按钮" ![编辑] 。单击"插入屏幕按钮"新建幻灯片 2。输入"第 2 章"3 个字。选中幻灯片 1，如图 1-21 所示。

图 1-21　制作幻灯片

（4）执行"文件"/"保存"命令保存文件。在保存类型中选择"Flash Professional 8 文档"选项。

实验总结：通过了本次的实验，引导学员使用 Flash Professional 8 提供的各项功能。

1.3　本章习题

一、填空题

1. Flash 的操作界面主要是由_____、_____、_____、_____、_____ 组成的。

2. 列举 3 种 Flash 可以创建的项目类型：_____、_____、_____ 。

二、选择题

1. 编辑栏可以缩放编辑区的大小，切换元件编辑窗口，切换场景编辑窗口。其中常用的编辑元件按钮是（　　）。

　　A.　　　　　　　　　B.　　　　　　　　　C.　　　　　　　　　D.

2. 以下哪个不是 Flash Professional 8 所具有的面板（　　）。

　　A. 动作　　　　　　　B. 行为　　　　　　　C. 混色器　　　　　　D. 导入导出

三、判断题

1. Flash Professional 8 新增加了时间轴特效功能。（　　）

2. 单纯从能不能的角度，在 Flash 中创建的 Flash 文档能保存为 Flash Professional 8 文档。（　　）

四、操作题

1. Flash Professional 8 新增加了时间轴特效功能。（　　）

2. 单纯从能不能的角度，在 Flash 中创建的 Flash 文档能保存为 Flash Professional 8 文档。（　　）

五、操作题

利用模版新建一个广告类型的文档，了解它们的编辑界面。

第 2 章　Flash 绘图

学习目的与要求：

　　绘图是制作优秀 Flash 的一项重要技能，绘图的好坏将直接影响动画的最终质量，而在"工具"面板中汇集了各种各样的工具，利用这些工具可以缩放图形，改变图形的填充色、笔触颜色等。灵活地应用"工具"面板中的工具是制作精美动画的基础。

本章主要内容：

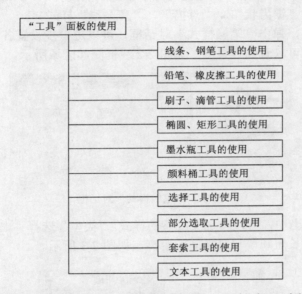

　　"工具"面板是 Flash 中的基本面板，主要由"工具"、"查看"、"颜色"、"选项栏"4 部分组成，如图 2-1 线框中所示。

2.1　绘制直线、曲线

　　绘制图形的软件有很多种，在 Flash 中，熟练地制作和应用线条是制作出精美动画的基础，而各种各样的直线和曲线是制作线条的基础，可以利用 Flash 提供的工具绘制出需要的图形。

2.1.1　线条工具

　　在"工具"面板中选中"线条工具" ，当鼠标移动到编辑区中时变成＋，此时单击固定起始点，然后拖动鼠标到直线的结束点，松开鼠标。当选中"线条工具"的时候，在"属性"面板中出现了相对于"线条工具"的一些属性。

图 2-1　工具面板

注 意

　　选中"工具"面板中不同的工具时，在"属性"面板中就会出现相对于不同工具的属性。如果没有特殊的属性，会显示文档的属性。

- 笔触颜色 ✏ ▉：单击右边的颜色框弹出下拉框。在下拉框中选择需要的颜色。如果没有这种颜色，可以单击右上角的调色板按钮 ◉，弹出"调色板"对话框，通过滑杆调出需要的颜色。另外也可以通过选择"工具"面板中的"查看"栏笔触颜色按钮修改，方法跟在"属性"面板中的一样。
- 笔触高度 0.25 ▾：单击文本框右边的三角形按钮打开滑杆，通过上下拖动滑杆上的滑块调节笔触的高度。这个值是在 0.1～10 之间的一个数。
- 笔触样式 实线———— ▾：在绘图时除了普通的实线样式，Flash 还提供了"虚线"、"点状线"、"锯齿状"、"点描"、"斑马线"样式。

　　单击自定义按钮，弹出"笔触样式"对话框，可以进一步设置各种样式的参数，并且通过左上角的预览框可以看到效果图，如图 2-2 线框圈起区域所示。

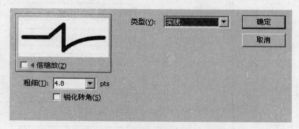

图 2-2　"笔触样式"对话框

　　在"类型"选项当中，可以自定义线条的样式。"类型"选择"虚线"选项的时候，可以设置线条每一段的长短和段与段之间的距离，如图 2-3 所示。

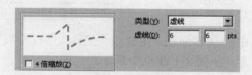

图 2-3　"类型"选择"虚线"

　　"类型"选择"点状线"选项的时候，可以设置线条的点距，如图 2-4 所示。

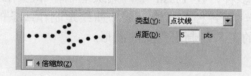

图 2-4　"类型"选择"点状线"

　　"点距"是指点状线点与点之间的距离。当"点距"为 20 时，效果如图 2-5 所示。

图 2-5 "点距"为 20 时效果

"类型"选择"锯齿状"选项的时候，可以设置线条的"图案"、"波高"、"波长"，如图 2-6 所示。

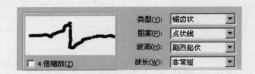

图 2-6 "类型"选择"锯齿状"

"类型"选择"点描"选项的时候，可以设置线条的"点大小"、"点变化"、"密度"，如图 2-7 所示。

图 2-7 "类型"选择"点描"

"类型"选择"斑马线"选项的时候，可以设置线条的"间隔"、"微动"、"旋转"等，如图 2-8 所示。

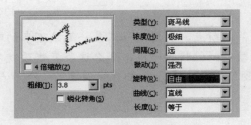

图 2-8 "类型"选择"斑马线"

选中"线条工具"的时候，在"工具"面板的选项栏中出现了相对于"线条工具"的一些选项属性。

当选中"对齐对象"按钮之后，线条可以自动地拼接在一起，如图 2-9 所示。首先画好一条线段，在画第二条线段的时候，虽然两条线段之间有一定的距离，但是在画的过程当中两条线段自动地拼接起来，如同一条线段。

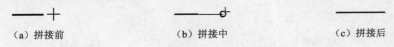

图 2-9 拼接的过程

技 巧

选中"线条工具",按住【Shift】键可画出一条自动与水平线呈 45°倍数的直线。按住【Alt】键可以以线条的中心点为起始点,向两边等长延伸线条。

注 意

除了这个画直线的工具称为"线条工具"之外,在其他地方提到的线条既可以是曲线也可以是直线。

2.1.2 钢笔工具

使用"钢笔工具"可以精确地画出直线和各种曲率的曲线。在"工具"面板中选中"钢笔工具" ，当鼠标移动到编辑区的时候变成 ，单击创建一个起始点如图 2-10(a)所示,然后在不同的位置单击创建节点如图 2-10(b)所示,当创建完想要得到的图形之后,双击结束的位置或右击,创建结束点如图 2-10(c)所示。

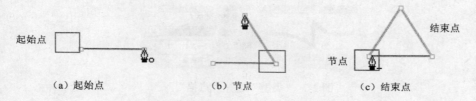

（a）起始点　　　　　（b）节点　　　　　（c）结束点

图 2-10　使用"钢笔工具"画三角形

注 意

"节点"指的是线条的断点,利用线条工具一笔画下来的叫连续的线段,如果一条直线段分别由两条连续的线段拼接而成,那么这条直线段就不是连续的,而是存在节点的。"钢笔工具"所绘图形中每当单击后就创建了一个节点,如图 2-10(b)线框圈起区域所示。

利用"钢笔工具"不但可以绘制直线,也可以绘制曲线。首先创建一个起始点,然后在编辑区的另一位置单击创建结束点,此时不要松开鼠标,朝结束点之外的任意一个位置拖动鼠标,出现了一条切线。切线的长度和斜率可以改变曲线段的形状。可以移动切线两头的点来调整曲线,如图 2-11 所示。

（a）曲线 1　　　　　　　　　（b）曲线 2

图 2-11　使用"钢笔工具"画曲线

利用"钢笔工具"还可以添加、删除节点。选中"钢笔工具",在编辑区中单击要添加节点的线条,当鼠标变成 ✎+ 时,说明是添加一个节点如图 2-12(a)所示,按住鼠标左键;当鼠标变成 ✎- 时(见图 2-12(b)),说明是删除一个节点,删除节点后效果如图 2-12(c)所示。

（a）添加节点　　　　　　　（b）删除节点　　　　　　　（c）删除节点后

图 2-12　节点的添加、删除

当选中"钢笔工具"的时候,在"属性"面板中出现了相对于"钢笔工具"的一些属性。与"线条工具"的"属性"面板对比一下只多了一个填充颜色属性,其他的同"线条工具"一样,这里只介绍填充颜色属性,其他的参照"线条工具"。

- 填充颜色属性 ◉ ▾（见图 2-13）:当选中钢笔、椭圆、矩形、刷子、颜料桶工具时,在"属性"面板中就会有填充颜色属性,这与在"工具"面板的颜色栏中通过单击"填充色"按钮设置填充颜色效果一样。所不同的是在"填充色"按钮的下方多了 3 个按钮。它们分别是"黑白" ◧、"没有颜色" ⊘、"交换颜色" ⬌。"黑白"指笔触颜色是黑色,填充颜色是白色;"没有颜色"指没有填充色;"交换颜色"指交换笔触颜色和填充颜色。

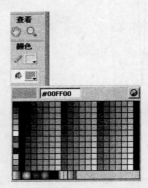

图 2-13　"工具"面板的颜色栏中的"填充色"按钮

填充色比笔触颜色多了放射状填充和线性填充 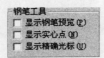。

"钢笔工具"的首选参数的设置路径是"编辑"/"首选参数"/"编辑选项卡"/"钢笔工具栏",利用它可以指定"钢笔工具"的指针外观,如图 2-14 所示。

```
钢笔工具
☐ 显示钢笔预览(P)
☐ 显示实心点(N)
☐ 显示精确光标(U)
```

图 2-14　"钢笔工具"的首选参数

"显示钢笔预览"可以在单击创建节点之前,在编辑区显示线条预览。

"显示实心点"可以设定没有选定的节点显示为实心点,选定的节点显示为空心点

"显示精确光标"可以设定选中"钢笔工具"时在编辑区显示的鼠标样式。如果选择此项，鼠标将变成×，这样可以更好地定位线条。

> **技 示**
>
> 按下【Caps Lock】键可在"钢笔工具"的精确光标和默认的图标之间进行切换。

示例：利用"钢笔工具"制作如图 2-15 所示图形。

操作步骤：

（1）利用"钢笔工具"画折线。执行"视图"/"网格"/"显示网格"命令。

（2）在"工具"面板中选中"钢笔工具"。

（3）利用网格确定折线每一个顶点的位置，在编辑区单击，从左到右按照顺序画出顶点，如图 2-16 所示。

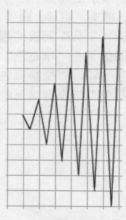

图 2-15 效果图

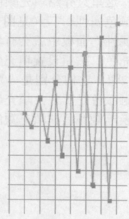

图 2-16 过程图

2.2 绘制圆、矩形

线条、椭圆、矩形工具是 Flash 中 3 种基本的图形绘制工具。巧妙地使用椭圆和矩形工具可以制作出意想不到的效果。

2.2.1 椭圆工具

在"工具"面板中选中"椭圆工具" ，在编辑区中单击创建起始点，然后拖动鼠标在编辑区画一个椭圆。

选中"椭圆工具"，在"属性"面板中出现的与其对应的属性值，与"钢笔工具"一样。不再赘述。

示例：制作一个嵌套的椭圆。

操作步骤：

选中"椭圆工具"，在"属性"面板中设置笔触颜色为黑色，笔触样式为斑马线，填充色为无色，如图 2-17 所示。

图 2-17 光圈

2.2.2 矩形工具

在"工具"面板中选中"矩形工具" ，单击这个按钮停留几秒出现一个下拉框，如图 2-18 所示。

下拉框中的"矩形工具"可以画一个矩形、正方形或圆角矩形。当按住【Shift】键时可画出一个正方形。

选中"矩形工具"时，在"工具"面板的选项栏中出现了一个圆角矩形半径按钮 。单击该按钮弹出"矩形设置"对话框，如图 2-19 所示。

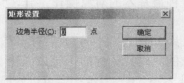

图 2-18 "矩形工具"下拉框　　　　图 2-19 "矩形设置"对话框

边角半径的值是从 0～999 之间的一个整数。当它的值是 50 时效果如图 2-20 所示。

选中下拉框中的"多角星形工具"可以画一个多边形或星形。当选中"多角星形工具"时，在"属性"面板中单击"选项"按钮后，如图 2-21 所示。

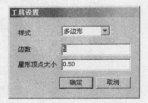

图 2-20 圆角矩形　　　　图 2-21 多角星形

示例：创建多边形、星形，如图 2-22 所示。

（a）四边星形　　　　（b）星形　　　　（c）多边形

图 2-22 矩形工具

它们分别是星形、边数大小 4、星形顶点大小 0.10；星形、边数大小 12、星形顶点大小 0.10；多边形、边数大小 8。

提 示

选中"椭圆工具"，按住【Shift】键在编辑区可画一个正圆。

选中"矩形工具"下拉框中"矩形工具"，在画矩形的同时，按住上下方向键可分别自动增加、减小边角半径值。

2.3 选择对象

当已经有了对象的时候，接下来就是对它进行一些必要的操作。在操作之前，要确定对哪一些对象进行操作。"选择工具"、"部分选取工具"、"套索工具"均有选定的功能，除此之外，这 3 种工具还有其他的一些重要功能。

2.3.1 选择工具

作为一种最基本的对象操作工具，"选择工具" 可以选择对象、移动对象以及修改对象。

在"工具"面板中选中"选择工具"，鼠标移动到编辑区。当鼠标所在的位置没有可以选择的对象的时候，鼠标的形状如图 2-23（a）所示；当有可以选择的对象的时候，鼠标的形状如图 2-23（b）所示；当可以修改对象的时候，鼠标的形状如图 2-23（c）、图 2-33（d）所示。

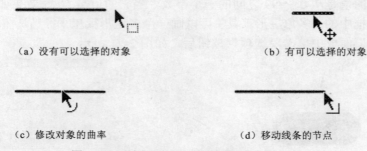

（a）没有可以选择的对象　　　　　　　（b）有可以选择的对象

（c）修改对象的曲率　　　　　　　（d）移动线条的节点

图 2-23 "选取工具"鼠标的各种形式

当选中对象，利用"选择工具"移动对象时，Flash 会自动出现对齐其他对象的辅助线，如图 2-24 所示。

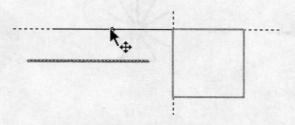

图 2-24 对齐其他对象的辅助线

示例：选中椭圆形的填充色，移动到椭圆形外删除。

操作步骤：

（1）单击"椭圆工具"按钮，在"属性"面板中设置笔触颜色为红色，样式为"点描"，笔触高度为 9，填充颜色为放射状渐变颜色。

（2）在编辑区中画一个椭圆，效果如图 2-25 所示。

图 2-25　椭圆

（3）利用"选择工具"选择椭圆形的填充色，如图 2-26 所示。

图 2-26　选择椭圆形的填充色

（4）移动椭圆形的填充色到另一个位置，如图 2-27 所示。如果想精确控制对象的移动，除了使用标尺之外还可以使用方向键，每移动一次是一个像素。

图 2-27　移动椭圆形的填充色

（5）删除椭圆形的填充色，如图 2-28 所示。

图 2-28　删除椭圆形的填充色

提 示

　　填充色中白色与无色是不同的，当填充色是白色的时候，可以选取、移动、删除；当填充色是无色的时候，不能进行选取、移动、删除。

前面讲过利用"钢笔工具"可以绘制曲线，利用选择、线条工具也可以绘制曲线。

示例：利用选择、线条工具绘制曲线。

操作步骤：

（1）新建一个 Flash 文档，选中"直线工具"，在编辑区中画一条直线。

（2）选中"选择工具"，把鼠标移动到刚刚创建好的直线对象的连续点上，效果如图 2-23（c）中修改对象的曲率。

（3）按住鼠标朝直线一侧拖动，当到达想要的曲线效果的时候，松开鼠标，如图 2-29 所示。

（4）要移动节点或改变线条的长度可以单击节点处直接拖动，如图 2-30 所示。

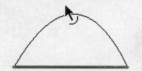 

图 2-29　利用"选择工具"制作曲线　　　　图 2-30　移动节点

如果编辑区中有多个对象，可以按住【Shift】键一一选中进行操作，但是多个对象重叠起来会出现什么样的情况呢？

示例：制作如图 2-31 所示图形。

图 2-31　中空的星形

操作步骤：

（1）利用"多角星形工具"制作一个 10 条边的星形，并画一个圆如图 2-32 所示。

　　　　（a）星形　　　　　　　　　　　　　　　（b）圆

图 2-32　星形与圆

（2）选中圆拖动到星形中，如图 2-33 所示。

（a）重叠   （b）分离

图 2-33　切割

（3）利用"选择工具"把圆形拖出来，效果如图 2-26 所示。

技 巧

多个图形在重叠时如果颜色相同，就会形成一个整体。

两个不同颜色的图形重叠时，会发生分离。

2.3.2　部分选取工具

"部分选取工具"可以移动节点的位置，改变曲线的曲率。在"工具"面板中选中"部分选取工具"，在编辑区中选中对象，如图 2-34 所示。

单击一个节点就可以直接拖动它，从而改变节点的位置，如图 2-35 所示。也可以通过方向键移动节点的位置。

图 2-34　选中线条

图 2-35　移动节点

单击端点处的节点出现了一个曲线的切线手柄，如图 2-36 所示。通过手柄调节曲线的曲率。

单击曲线连续处的节点，这个节点以及与它挨着的左右两个节点出现了一个曲线的切线手柄，如图 2-37 所示。

图 2-36　单击端点处的节点

图 2-37　单击线条中间的节点

示例：利用"钢笔工具"、"选择工具"、"部分选取工具"、"线条工具"制作曲线。

操作步骤：

（1）新建一个 Flash 文档，打开"工具"面板，选中"线条工具"，按住【Shift】键，在编辑区中画一条垂直的线。

（2）选中"选择工具"把直线变成一条曲线，如图 2-38（a）所示。

（3）选中"部分选取工具"，修改曲率，如图 2-38（b）、图 2-38（c）所示。

（4）选中"钢笔工具"，添加节点，如图 2-38（d）、图 2-38（e）所示。

（5）结合（2）（3）（4）中提到的 3 种工具微调线条，得到如图 2-38（f）所示图形。

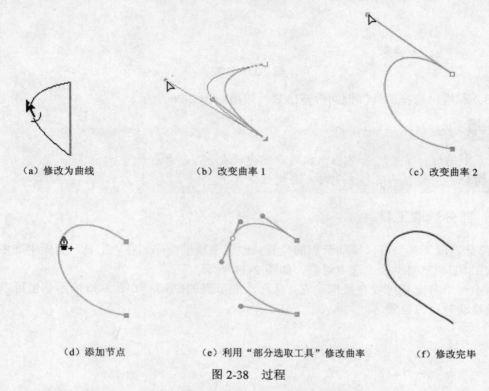

（a）修改为曲线　　　　　　（b）改变曲率 1　　　　　　（c）改变曲率 2

（d）添加节点　　　　（e）利用"部分选取工具"修改曲率　　　　（f）修改完毕

图 2-38　过程

（6）选中如图 2-38（f）所示的图形，按【Ctrl+C】键复制，然后按【Ctrl+V】键粘贴。也可以执行"编辑"菜单里的"复制"命令，如图 2-39（a）所示。

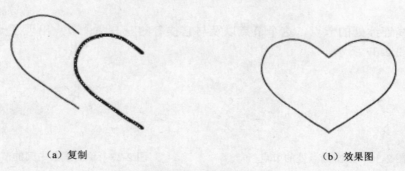

（a）复制　　　　　　　　　　　　　（b）效果图

图 2-39　制作过程

（7）选中其中的一条曲线，执行"修改"/"变形"/"水平翻转"命令，然后移动线条结合成如图 2-39（b）所示的效果。

在"编辑"菜单中还包括"顺时针旋转 90°"、"逆时针旋转 90°"及"垂直翻转"命令等。

2.3.3 套索工具

使用"套索工具"可以在位图中提取相近的颜色，使得图像分离从而得到需要的那部分。导入位图到编辑区，选中位图，右击打开右键菜单，执行"分离"命令，请参照"导入外部资源"的章节导入位图。在"工具"面板中选中"套索工具" 🔎 ，可在编辑区内选择任意图形的区域，如图 2-40 所示。

（a）选取

（b）移动

图 2-40　选取任意图形

选中"套索工具"，在选项栏中出现了魔术棒按钮 ✎ ，魔术棒属性按钮 ↘ 和多边形模式按钮 ▱ 。

- **魔术棒属性按钮**：单击此按钮之后，可以选取颜色相近的区域。
- **魔术棒属性按钮**：单击此按钮之后，弹出"魔术棒设置"对话框，如图 2-41 所示。包含"阈值"和"平滑"两个选项。"阈值"设置了被选择颜色的相近程度。取值为 0～200 之间的整数。值设得越大，对颜色的相似度要求越低。"平滑"是所选区域边缘的平滑程度。

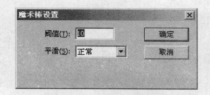

图 2-41 "魔术棒设置"对话框

- 多边形模式按钮：选中由直线组成的多边形的区域。

示例：分离位图。

操作步骤：

（1）导入位图，然后分离位图，即选中位图，右击打开右键菜单，执行"分离"命令。参照"导入外部资源"章节，如图 2-42 所示。

（2）选中"套索工具"，在选项栏中单击"魔术棒按钮"。

（3）设置"阈值"为 50，"平滑"选择"平滑"选项。在位图右上方的绿色背景处单击，按住【Shift】键即可选择多个区域。

（4）删除已经选出的颜色区域，最终效果如图 2-43 所示。

图 2-42 分离前

图 2-43 分离后

2.4　绘制、涂改不规则图形

一些规则的图形，如正圆或正方形，可以使用"椭圆工具"和"矩形工具"，但是在某些时候，比如需要比较接近地反映出鼠标的轨迹的时候，就需要有另外的工具。在 Flash 中可以使用"铅笔工具"、"刷子工具"。

2.4.1　铅笔工具

选中"铅笔工具"，在"工具"面板的选项栏中出现了一个绘图模式按钮 🔧。单击该按钮打开的下拉列表如图 2-44 所示。

- "伸直"模式：所绘制的线条自动进行伸直处理。
- "平滑"模式：所绘制的线条自动进行平滑处理。
- "墨水"模式：所绘制的线条接近真实鼠标轨迹。

图 2-44 "铅笔工具"
三种模式

示例："伸直"、"平滑"模式的使用。

操作步骤:

（1）选中"伸直"模式，效果如图 2-45 所示。

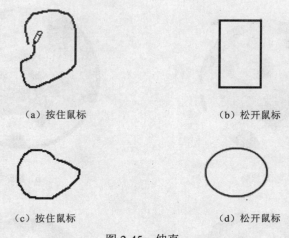

（a）按住鼠标　　　　　　　　　　　（b）松开鼠标

（c）按住鼠标　　　　　　　　　　　（d）松开鼠标

图 2-45　伸直

（2）选中"平滑"模式，效果如图 2-46 所示。

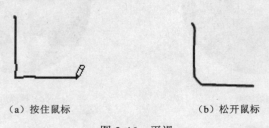

（a）按住鼠标　　　　　　　　　　　（b）松开鼠标

图 2-46　平滑

2.4.2　橡皮擦工具

使用"橡皮擦工具"可以擦除图形。

选中"橡皮擦工具"，在"工具"面板的选项栏中出现了 3 个按钮，分别是擦除模式按钮 ![]、水龙头按钮 ![]、橡皮擦形状按钮 ![]。

擦除模式提供了 5 种常见的模式，如图 2-47 所示。

- 标准擦除：就如同有一块真实的橡皮，所到之处任何图形都会被擦除。
- 擦除填色：只要鼠标经过图像，就会擦除图形的填充色，而不会擦除笔触颜色。
- 擦除线条：与"擦除填色"相反。它不会擦除填充色，只擦除笔触颜色。

图 2-47　擦除模式

- 擦除所选填充：首先在图形上选取一定的区域，然后进行擦除。只擦除填充色，不擦除笔触颜色。

- 内部擦除：只擦除填充色，不会擦除笔触颜色。与"擦除填色"不同的是"内部擦除"只能在图形区域内进行擦除，如果鼠标移动到了图形区域的外面将会不起任何作用，如图 2-48 所示。

（a）标准擦除   （b）擦除填色

（c）擦除线条   （d）擦除所选填充

（e）内部擦除   （f）水龙头

图 2-48　擦除

　　"水龙头"按钮用来擦除图形中整个的填充色或者图形中选定区域的填充色。

　　首先选中"橡皮擦工具"，然后在选项栏中单击"水龙头"按钮，如果此时没有选中任何区域，在图形上单击将会擦除整个填充色，如果有选中的区域，单击将会擦除整个的选中区域，如图 2-48（f）所示。

　　"橡皮擦形状"定义了几种形状或大小不相同的橡皮擦，使用时直接单击即可。

2.4.3　刷子工具

利用"刷子工具"可以制作出很多特殊的效果。选中"刷子工具",在"属性"面板中有对应的属性,其中"平滑"属性是设置刷子边缘的平滑程度。同时,在"工具"面板的选项栏中出现了 4 个选项,分别是绘画模式按钮 🔄、锁定填充按钮 🔒、刷子大小按钮、刷子形状按钮。

绘画模式提供了 5 种模式,如图 2-49 所示。

- 标准绘画:如同一只真实画笔,在画布上绘画,会盖住原有的图形。
- 颜料填充:只影响图形的填充颜色,不影响图形的笔触颜色。
- 后面绘画:对图形没有任何影响,但能涂改空白区域。
- 颜料选择:在图形上选定区域,"刷子工具"只对选定区域起作用。
- 内部绘画:在图形的封闭区域内绘画,对封闭区域的笔触没有影响。如果绘画的起始点在图形封闭区域的外面,对图形将会不起任何作用,如图 2-50 所示。

图 2-49　绘画模式

（a）标准绘画

（b）颜料填充

（c）后面绘画

（d）颜料选择

（e）内部绘画

图 2-50　绘画模式

　　锁定填充按钮是锁定刷子的涂改色。把刷子的涂改色改为线性渐变，当选中锁定填充按钮时，填充色被作为一个整体使用，如图 2-51 所示。当没有选中锁定填充按钮时，填充色被作为单个的对象使用，如图 2-52 所示。

注　意

　　刷子的涂改色是通过填充属性来改变的，而不是笔触颜色。

图 2-51　选中锁定填充按钮　　　　　图 2-52　未选中锁定填充按钮

2.5　对象变形

　　"任意变形工具"主要用于旋转、倾斜、缩放和扭曲对象，"填充变形工具"可以编辑填充区域的颜色或位图，这两种工具都是对象变形的好帮手。

2.5.1　任意变形工具

　　在"工具"面板中选中"任意变形工具"，在编辑区中选中要进行修改的对象，不管对象是什么形状，它总是被一个四边形围绕，如图 2-53 所示。

　　此时在"工具"面板的选项栏中出现了 5 个按钮。其中对齐对象按钮请参照本章 2.1 节的内容。

图 2-53　任意变形工具

其他 4 个按钮分别是旋转与倾斜按钮 、缩放按钮 、扭曲按钮 、封套按钮 。

- 旋转与倾斜按钮：边框的 4 个顶点是旋转点，其余的 4 个点是倾斜点，如图 2-54 所示。

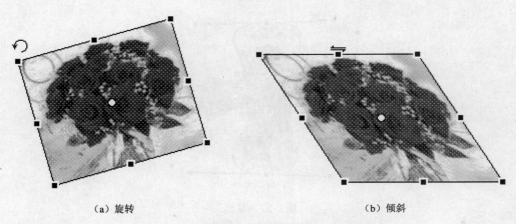

（a）旋转　　　　　　　　　　　　　　（b）倾斜

图 2-54　旋转与倾斜

- 缩放按钮：边框的 4 个顶点是按比例缩放点，其余的 4 个点是单方向缩放点，如图 2-55 所示。

（a）按比例缩放　　　　　　　　　　　（b）单方向缩放

图 2-55　缩放

- 扭曲按钮：当单击边框的 4 个顶点时，只有这一个点移动，其余的点不动；当单击另外 4 个点时，点所在的直线一起移动，如图 2-56 所示。
- 封套按钮：若边框上的点是实心正方形表示这是一个可移动的节点，若边框上的点是实心圆形表示这是一个可调节曲率的切线手柄，如图 2-57 所示。

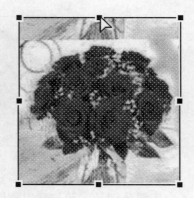

（a）单点动　　　　　　　　　　　　　　　　　（b）同时移动

图 2-56　扭曲

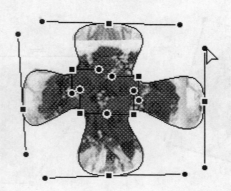

图 2-57　封套

　　当选择旋转与倾斜按钮进行旋转时，默认情况下是以中心点的位置为旋转中心，这个点可叫轴心点，这个点可以修改，用鼠标直接拖动即可，如图 2-58 所示。

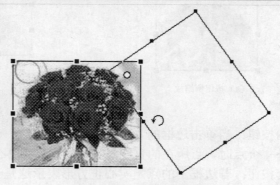

（a）轴心点　　　　　　　　　　　　（b）以轴心点的位置为旋转中心

图 2-58　修改旋转中心

示例：利用"线条工具"、"选择工具"、"任意变形工具"
等制作一个花瓣各异的莲花，如图 2-59 所示。

图 2-59　莲花

操作步骤：

（1）新建一个 Flash 文档，利用"线条工具"、"选择工具"
制作一个基本花瓣，如图 2-60 所示。

（2）通过"任意变形工具"缩放、扭曲得到如图 2-61 所示
的图形。

（3）重复步骤（2）得到各种花瓣，如图 2-62、图 2-63 所示。

（4）复制、移动花瓣形成莲花图。

图 2-60　花瓣 1 　　　　图 2-61　花瓣 2 　　　　图 2-62　花瓣 3 　　　　图 2-63　花瓣 4

2.5.2　填充变形工具

在"工具"面板中选中"填充变形工具" ，在编辑区单击想要改变填充区域的对象，
如图 2-64 所示。

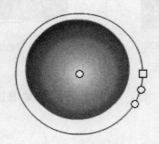 

（a）放射状填充　　　　　　　　　　　　　　　　　（b）线性填充

图 2-64　选中对象

当填充区域是放射状时，分为以下 4 种情况，如图 2-65 所示。

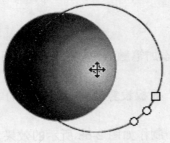 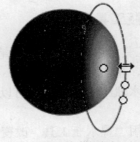

（a）中心位置的改变　　　　　　　　　　　　　　　（b）渐变色的宽度

（c）渐变区域颜色范围 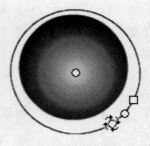（d）渐变色的旋转

图 2-65 编辑放射状填充

- 中心位置的改变：选中中心点拖动鼠标。
- 渐变色的宽度：选中空心正方形拖动鼠标。
- 渐变区域颜色范围：选中空心正方形下方的第一个空心圆拖动鼠标。
- 渐变色的旋转：选中空心正方形下方的第二个空心圆拖动鼠标。

当填充区域是线性渐变时分为 3 种情况，如图 2-66 所示。

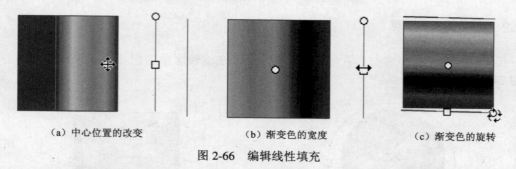

（a）中心位置的改变　　　　　（b）渐变色的宽度　　　　　（c）渐变色的旋转

图 2-66 编辑线性填充

中心位置的改变、渐变色的宽度设置跟放射渐变一样，渐变色的旋转是通过拖动空心正方形旁边的空心圆来实现的。

2.6 改变对象颜色属性

利用"墨水瓶工具"、"颜料桶工具"、"滴管工具"可以在制作动画之前设置好图形的颜色属性，也可以在制作完动画之后修改图形的颜色属性。

2.6.1 墨水瓶工具

"墨水瓶工具"可以修改对象的笔触颜色或者添加笔触颜色。在"工具"面板中选中"墨水瓶工具" ，单击对象即可。

选中"墨水瓶工具"之后，可以通过"属性"面板设置要修改或添加的笔触的颜色、高度、样式。

示例：利用"墨水瓶工具"改变对象的笔触，制作如图 2-68 所示的效果。

（1）打开在 2.3.2 节当中所创建的 Flash 文档。

（2）选中"墨水瓶工具"，在"属性"面板中设置笔触颜色为红色，笔触样式为点状线，

点距为 1，粗细为 3.5。

（3）鼠标放在图形上，当变成如图 2-67 所示的形状时单击，得到如图 2-68 所示的图形。

图 2-67　利用"墨水瓶工具"修改笔触

图 2-68　效果图

2.6.2　颜料桶工具

使用"颜料桶工具"可以给某个区域填上填充色。当想要修改某个区域的填充色的时候，可以使用"颜料桶工具"。

在"工具"面板中选中"颜料桶工具"之后，选项栏出现了两个按钮，填充模式按钮和锁定填充按钮。

单击填充模式按钮，打开下拉列表，如图 2-69 所示。

图 2-69　填充模式

- 不封闭空隙：当要填充的区域有空隙时，区域不会被填充。
- 封闭小空隙：当要填充的区域有小空隙时，软件自动封闭空隙，并填充区域。
- 封闭中等空隙：当要填充的区域有中等空隙时，软件自动封闭空隙，并填充区域。
- 封闭大空隙：当要填充的区域有相对较大的大空隙时，软件自动封闭空隙，并填充区域。

当需要手动封闭空隙时，可以使用"缩放工具"先放大图形，然后通过其他的工具来封闭。

在"工具"面板中选中"缩放工具"，选项栏中出现与之对应的按钮，放大按钮和缩小按钮。使用时，直接单击想要放大的编辑区的位置即可。放大和缩小的倍数可以通过文档右上角的下拉列表框看出来，如图 2-70 所示。

图 2-70　放大、缩小的倍数

示例：为不同区域设置不同的填充，如图 2-71 所示。

操作步骤：

（1）新建一个 Flash 文档，利用"多角星形工具"创建两个填充色不相同的五角星，插接起来如图 2-72 所示。

图 2-71　效果图　　　　　　　　　　图 2-72　插接

（2）然后利用"线条工具"截断五角星中连续的填充区域，如图 2-73 所示。

（3）填充每一块填充区域，如图 2-74 所示。

图 2-73　截断　　　　　　　　　　图 2-74　填充

（4）删除在（2）中创建的直线。

锁定填充按钮与"刷子工具"中的锁定填充选项意义相同。在锁定方式下，填充色作为一个整体处理，相反，独立的填充区域中的填充色作为独立的对象处理。

2.6.3　滴管工具

"滴管工具"可以吸取位图或某个区域的颜色属性作为填充属性，从而应用到其他的对象上，这样可以提高作品的效率和质量。

- 吸取颜色属性：选中"滴管工具"，单击某个区域，这时区域的颜色属性就会体现在"颜料桶工具"中，如图 2-75 所示。
- 吸取位图：选中"滴管工具"，单击某个位图，这时填充属性就变成了刚刚吸取的那个位图，如图 2-76 所示。

注　意

位图必须分离，即选中图片右击，执行"分离"命令；其次，每当吸取完之后，填充会自动锁定。可以通过"工具"面板的选项栏取消锁定。

（a）应用对象　　　　　　（b）被吸取对象　　　　　　（c）应用后效果

图 2-75　吸取颜色属性

在图 2-75 中，吸取的是椭圆的线性渐变颜色属性，此属性通过"颜料桶工具"应用到了矩形上。

（a）被吸取的位图　　　　　　　　　（b）应用后效果

图 2-76　吸取位图

2.7　添加文本

文本在动画的制作中起着非常重要的作用，利用"文本工具"可以制作静态、动态、输入等效果。Flash 有了"文本工具"使得动画更加活泼有趣。

2.7.1　文本工具

利用"文本工具"可以在动画文件中插入文字，创建文本超链接。

在"工具"面板中选中"文本工具"，鼠标在编辑区中变成形状，移动鼠标在编辑区画一个区域。这时就可以在光标处输入文本。

图 2-77　移动文本

写好文本之后，选中"选择工具"，鼠标移动到文本上，当鼠标变成如图 2-77 所示形状时，可以拖动文本到任意的位置。

注 意

如果想对已经写好的文本进行修改，直接双击文字即可。

文本框的大小可以更改。鼠标放在文本右上角的缩放手柄上，向两边拖动鼠标可以更改文本框的大小，如图 2-78 所示。

（a）更改前

（b）更改后

图 2-78　更改文本框的大小

如果不想每次手动调节文本框的大小，而是使得文本框随输入文本的情况自动变换大小，可以双击文本框右上角的小方框，这时小方框变成了一个圆形，如图 2-79 所示。

选中文本，在"属性"面板中出现"文本工具"对应的属性。

"文本类型"属性可以设置文本是"静态文本"、"动态文本"或者"输入文本"，如图 2-80 所示。

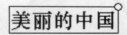

图 2-79　文本框

图 2-80　文本类型

当"文本类型"是"静态文本"时，"属性"面板出现对应的属性。

- 放大缩小文字：利用"宽"、"高"的值可以放大缩小文字；利用 X、Y 的值可以确定文字所在的位置，如图 2-81 所示。

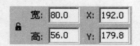

图 2-81　大小、位置属性

注 意

放大缩小文字也可以选中文字，使用"任意变形工具"。

- 改变文字的字体、大小、颜色：在文本字体下拉列表框中可以修改文本的字体；移动字体框右边的字体大小滑杆可以修改文本的大小，也可以直接在文本框中输入文本的大小值；文本的颜色通过单击"文本（填充）颜色"按钮修改，如图 2-82 所示。

（a）修改文本的字体

（b）修改文本的大小　　　　（c）修改文本的颜色

图 2-82　改变文字的字体、大小、颜色

- 加粗文字、斜体文字：单击"切换粗体"按钮 **B**、"切换斜体"按钮 *I*，可以加粗文字，使文字变成斜体。
- 改变文本方向：单击"改变文本方向"按钮 右下角的黑色三角形，打开下拉列表，可以把文本的方向修改为"水平"、"垂直，从左向右"、"垂直，从右向左"，效果如图 2-83 所示。

（a）水平　　　　　　（b）垂直，从左向右　　　　（c）垂直，从右向左

图 2-83　文本的方向

提 示

　　不同的文本方向，缩放手柄所出现的位置不同，"改变文本方向"按钮上的 4 个字母的排列方式也会改变。

- 文本的对齐方式：根据文本方向的不同，出现的文本对齐按钮形式不同，但都是"左对齐"、"居中对齐"、"右对齐"、"两端对齐"。
- 设置字符与字符之间的距离：通过文本框右边的滑杆调节字符间距，如图 2-84 所示。字符间距默认的值是 0，它的取值范围是–60～60 磅。当值大于 0 时是扩大字符与字符之间的距离，当值小于 0 时是缩小字符与字符之间的距离，值越大字符与字符之间的距离越大，如图 2-85 所示。

　　　　　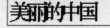

（a）字符间距为 10　　　　　　　（b）字符间距为-6

图 2-84　字符间距　　　　　　　图 2-85　字符间距的取值

- 设置字符位置：利用字符位置下拉列表框，设置字符为"正常"、"上标"或"下标"，如图 2-86 所示。选中"丽"字设置为"上标"，选中字"中"设置为"下标"，如图 2-87 所示。

　　　　美丽的中国　　　美^丽的_中国

图 2-86　字符位置　　　　　　　图 2-87　设置为上标、下标

- "锯齿文字"按钮 ：选中文本，单击"锯齿文字"按钮可以使小字显示得更清楚。

- 设置文本的格式：单击"属性"面板中的"格式"按钮，弹出"格式选项"对话框，修改文本的"缩进"、"行距"、"左边距"、"右边距"，如图 2-88 所示。

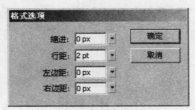

图 2-88　格式选项

- "可选"按钮 ：设置在影片中，文本框中的内容是否能被选中。利用这个按钮可以防止文本内容被复制。
- 创建文本超链接：在 URL 链接文本框中 　　 输入要链接到的目标地址。目标地址即可以是相对地址也可以是绝对地址，文件即可以是网页文件也可以是视频文件等，如 http://www.sohu.com，这时目标文本框变为可设置，通过目标文本框的值可以设置在什么窗口中打开目标链接。

注　意

如果链接到一个文件，写链接到的目标文件名时，要写上文件的扩展名；文本的方向如果是垂直方向的，不管是从左向右还是从右向左都不能在"属性"面板中创建文本超链接。

鼠标放在影片中的文本超链接上时，会变成一只小手。

技　巧

有部分属性是在"属性"面板的扩展面板中，可以通过"属性"面板右下方的"展开/折叠信息区域"按钮 △ 打开和关闭扩展属性面板。

当"文本类型"是"动态文本"时，在后面的章节中结合"动作"面板讲解。

当"文本类型"是"输入文本"时，可以在影片文件中输入文字，为实现浏览者与动画的交互提供前提，如图 2-89 所示。"属性"面板会出现对应文本工具的属性。可以给文本实例起一个名称，如图 2-90 所示；可以设置"线条类型"，如图 2-91 所示。

意见反馈： 请写下您的宝贵意见

图 2-89　输入文本

图 2-90　实例名称

单行
多行
多行不换行
密码

图 2-91　线条类型

- "单行"：在影片中的输入文本框中，不能换行。
- "多行"：在影片中的输入文本框中，可以有多行，并且文本可以自动换行。
- "多行不换行"：在影片中的输入文本框中，可以有多行，但是不能自动换行
- "密码"：在影片中的输入文本框中，看到的是星状的图形，不能看到文本内容。

"在文本周围显示边框"按钮 可以设置影片中的输入文本是否有边框；"最多字符"

文本框可以设置在文本框中最多可以输入多少个字符，如图
2-92 所示。

图 2-92 "最多字符"文本框

"文本类型"为"输入文本"时，"改变文本方向"按钮
变为不可用，文本只能是水平方向；"可选"按钮一定是
选中状态。

2.7.2 分离组合

利用"椭圆工具"、"选择工具"画一个图形，如图 2-93 所示。选中图形，属性面板变
为如图 2-94 所示的属性，这说明当前的图形对象是分离状态。选中这个对象时，如图 2-95
所示。

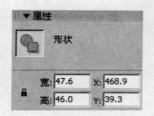

图 2-93 图形　　　　　　　图 2-94 属性　　　　　　　图 2-95 选中图形

选中对象，执行"修改"/"组合"命令，"属性"面板变为如图 2-96 所示的属性，这
说明当前的图形对象已经变成组合状态。选中这个对象时，如图 2-97 所示。

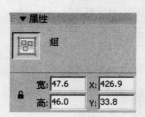

图 2-96 属性　　　　　　　　　　　图 2-97 选中对象

示例： 文本对象的分离组合。

操作步骤：

（1）当创建好文本之后，利用"选择工具"选中文本，"属性"面板显示的是文本的属
性，在文本的四周出现了一个蓝色的边框，如图 2-98 所示。

（2）选中文本，执行"修改"/"分离"命令，或者选中文本右击，执行"分离"命令，
文本变成如图 2-99 所示的文本。

（3）重复执行"分离"命令，变成如图 2-100 所示的形状，此时对象已经不再是文本。

风景　　　　　　　　　风景　　　　　　　　风景

图 2-98 组合对象　　　　　图 2-99 一次分离　　　　　图 2-100 二次分离

注 意

此处需要执行两次"分离"命令，才能把对象完全分离成形状。分离一次之后单个的文字还具有文本的属性，可作为文本来编辑；分离两次之后，不能再对它进行文字属性的修改。

（4）选中对象，执行"修改"/"组合"命令，这时对象变成组合对象，"属性"面板如图 2-101 所示，不再是文本的属性。

分离的快捷键是【Ctrl+B】，组合的快捷键是【Ctrl+G】。

同时选中组合对象和形状对象时，"属性"面板如图 2-102 所示。

图 2-101　属性

图 2-102　混合属性

双击组合对象可以进入组的编辑状态，在文档切换区可以再切换到场景，如图 2-103 所示。

图 2-103　组的编辑

注 意

如果有部分文本属性没有，可能是面板设置问题，可以单击编辑区向右扩展按钮，使得面板显示完整。

设置"文本工具"的首选参数。它的设置路径是"编辑"/"首选参数"/"编辑选项卡"/"垂直文本工具栏"，如图 2-104 所示。

在"编辑"/"首选参数"/"警告选项卡"中，有一

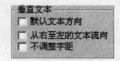

图 2-104　"文本工具"首选参数

条是"'缺少字体'警告"。当 Flash 文档中的字体在当前计算机上没有的时候，对用户发出警告，如图 2-105 所示。可以选择替换字体或使用默认值。

图 2-105 "'缺少字体'警告"对话框

对文本的操作也可以在文本菜单栏中实现。利用文本菜单可以修改文本的字体、大小、样式，文本的对齐方式和间距。

利用文本菜单中的"拼写设置"命令设置"文档选项"、"检查选项"等。

利用文本菜单中的"检查拼写"命令进行拼写检查。

提示

工具面板中的工具可以重新组合。路径是"编辑"/"自定义工具栏"，如图 2-106 所示。

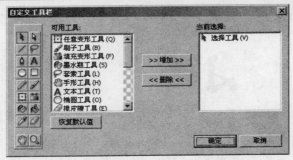

图 2-106 "自定义工具栏"对话框

2.7.3 抽丝文字

朦胧也被称之为一种美，利用 Flash 可以简单地产生这样的效果。

执行"修改"/"形状"/"柔化填充边缘"命令，弹出对话框，如图 2-107 所示。

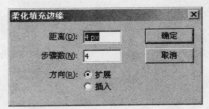

图 2-107 "柔化填充边缘"对话框

"柔化填充边缘"是指 Flash 按照一定的步骤数和距离，不断降低填充色的透明度，如图 2-108 所示。

- 扩展：在原图的基础上，向外扩展。

● 插入：在原图的基础上，向内插入。

（a）原图

（b）取值扩展

（c）取值插入

图 2-108 "柔化填充边缘"效果

注 意

"柔化填充边缘"是以填充色为依据进行柔化的。

示例： 利用"文本工具"输入文本，制作抽丝文字。

操作步骤：

（1）新建一个 Flash 文档，利用"文本工具"输入文字"大小"，如图 2-109 所示。

（2）选中文本右击，执行"分离"命令两次。

（3）选中文本，执行"修改"/"形状"/"柔化填充边缘"命令，设置方向为扩展，距离为 25px，步骤数为 15，如图 2-110 所示。

图 2-109 输入文本

图 2-110 柔化文本

（4）删除文本的填充色。

（5）利用"缩放工具"放大文字，它的一角如图 2-111（a）所示，删除部分扩展如图 2-111（b）所示。最终效果如图 2-112 所示。

（a）放大文字的一角

（b）删除部分扩展

图 2-111 进行抽丝

图 2-112 最终效果

技 巧

在柔化时可以先利用"任意变形工具"把文字或图形放大,然后再柔化填充边缘,有时柔化的效果会更好。最后再修改回原来的大小即可。

其他两个形状命令是"将线条转换为填充"、"扩展填充",如图 2-113 所示。"扩展填充"对话框如图 2-114 所示。

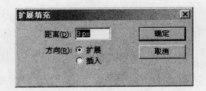

图 2-113 "形状"菜单   图 2-114 "扩展填充"对话框

2.8 上机实训

2.8.1 描绘动物的形状

1．实验目的

本实验将描绘一个图形,让学员熟练应用"工具"面板中的各个工具。为今后制作复杂的动画打好基础。

2．实验内容

利用"工具"面板描绘鹦鹉的体形,效果如图 2-115 所示。

图 2-115 效果图

3．实验过程

实验分析:利用"线条工具"画直线;利用"选择工具"选择对象,把直线变成曲线;利用"部分选取工具"改变曲线曲率。利用"钢笔工具"增删节点,精确调整曲线。

实验步骤:

(1)新建一个 Flash 文档,参照"导入外部资源"一章的相关内容,导入参照图到图层 1;参照第 4 章新建一个图层 2,锁定图层 1。

（2）先画鹦鹉的头部。利用"直线工具"在参照图上画直线，利用"选择工具"把直线变成曲线，利用"钢笔工具"添加节点，最后利用"部分选取工具"调整曲率，得到如图 2-116 所示效果。

（3）重复步骤（2），依次得到如图 2-117、图 2-118、图 2-119 所示的效果。

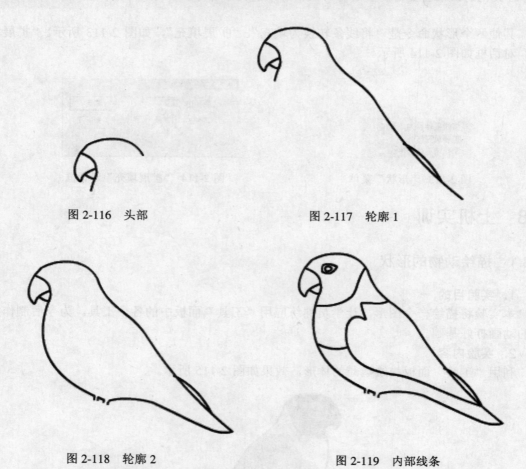

图 2-116　头部　　　　　　　　　　　　图 2-117　轮廓 1

图 2-118　轮廓 2　　　　　　　　　　　图 2-119　内部线条

（4）填充颜色，然后删除胸部的一条线段。

实验总结：通过了本次的实验，学员应该能够熟练应用"工具"面板中的工具绘画。

2.8.2　利用柔化填充边缘制作图形

1．实验目的

本实验将制作发光图形。让学员培养使用"工具"面板和 Flash 中的其他命令制作各种效果的能力。

2．实验内容

利用"工具"面板和形状命令制作特殊图形。效果如图 2-120 所示。

图 2-120　发光花朵

3．实验过程

实验分析：利用"工具面板"在编辑区绘出花的大体轮廓；执行"柔化填充边缘"命令柔化图形。

实验步骤：

（1）新建一个 Flash 文档，使用"选择工具"、"部分选取工具"、"线条工具"在编辑区中绘制图形，设置笔触颜色为红色，如图 2-121 所示。

图 2-121　轮廓

（2）按住【Shift】键的同时，利用"选择工具"选中线条，并把花朵和花茎分开。

> **注　意**
>
> 在分开之前先单独利用"颜料桶工具"给花茎填充上颜色，因为后面分开之后就不容易填充好颜色了，如图 2-122 所示。

图 2-122　花茎

（3）选中花朵，利用"颜料桶工具"、"混色器面板"填充花朵。设置混色器的填充样式为线性，颜色分别为红、黄、绿。填充完之后删除花朵的笔触，如图 2-123 所示。

图 2-123　填充花朵

（4）选中花朵，执行"修改"/"形状"/"柔化填充边缘"命令。设置"距离"为 25px，"步骤数"为 10，"方向"选择"扩展"选项。然后利用"选择工具"选择花朵中央的填充，如图 2-124 所示。

图 2-124　柔化填充边缘

（5）删除刚刚选中的填充，如图 2-125 所示。

图 2-125　删除填充

（6）下面开始制作花蕊。利用"线条工具"、"选择工具"画 3 条不同的曲线，作为花蕊的茎，然后利用"椭圆工具"画 3 个小的椭圆。设置"椭圆工具"的填充色和笔触颜色都是红色。

（7）选中 3 个椭圆，执行"修改"/"形状"/"柔化填充边缘"命令柔化花蕊。

（8）把 3 个柔化的椭圆，分别放到 3 条茎上，如图 2-126 所示。

（9）下面开始制作花茎。把已经跟花朵分开的花茎的笔触颜色删除，执行"修改"/"形状"/"柔化填充边缘"命令，设置"距离"为 10px，"步骤数"为 5，"方向"选择"扩展"选项，如图 2-127 所示。

图 2-126　花蕊

图 2-127　柔化花茎

（10）把制作好的花朵、花蕊、花茎结合起来，得到最终的效果。

实验总结：通过了本次的实验，学员应能够灵活应用"柔化填充边缘"命令。

2.9　本章习题

一、填空题

1．"刷子工具"的绘画模式分为＿＿＿＿、＿＿＿＿、＿＿＿＿。

2．多个图形在叠放时，如果颜色相同，＿＿＿＿；两个不同颜色的图形重叠时，＿＿＿＿。

3．使用位图作为填充，可以使用＿＿＿＿工具。

4．"文本工具"的文本类型有＿＿＿＿、＿＿＿＿、＿＿＿＿。

二、选择题

1. 以下哪一种不是使用"钢笔工具"可能出现的鼠标样式（　　）。

A. ♠×　　　　　　　B. ♠₊　　　　　　　C. ♠₋　　　　　　　D. ▸□

2. 选出可以修改曲线曲率的工具（　　）。

A."任意变形工具"　　　　　　　　　　B."套索工具"

C."选择工具"　　　　　　　　　　　　D."部分选取工具"

3. 选中"线条工具"按住（　　）键可画出一条自动的与水平线呈 45°倍数的直线。按住（　　）键可以画出一条以线条的中心点为起始点，向两边等长的延伸线条。

A. Shift　　　　　　　B. Ctrl　　　　　　　C. Alt　　　　　　　D. Tab

三、判断题

1."锁定填充"意思是填充色不能被修改。（　　）

2."刷子工具"是一种填充色。（　　）

3. 利用"部分选取工具"可以添加节点。（　　）

4. 使用"文本工具"写的文字，需要执行"分离"命令 3 次才完全分离。（　　）

四、操作题

1. 请制作如图 2-128 所示的图形。

图 2-128　环

2. 请利用"工具"面板描绘出如图 2-129 所示的图形。

图 2-129　圣诞老人

第 3 章 动画制作辅助技巧

学习目的与要求：

在制作动画的过程中，经常需要使得对象对齐在某一个位置、撤销所做的动作等操作，"对齐"面板、"历史记录"面板是解决这些问题的好帮手；此外，Flash 还提供了对制作动画有辅助作用的"混色器"面板、"变形"面板等。利用这些面板，不仅可以事半功倍，而且可以制作出许多美轮美奂的效果。

本章主要内容：

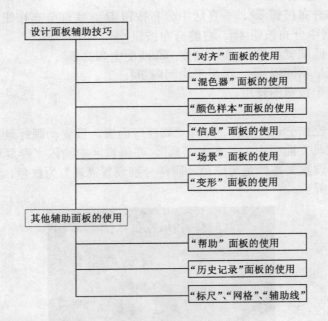

设计面板辅助技巧
- "对齐"面板的使用
- "混色器"面板的使用
- "颜色样本"面板的使用
- "信息"面板的使用
- "场景"面板的使用
- "变形"面板的使用

其他辅助面板的使用
- "帮助"面板的使用
- "历史记录"面板的使用
- "标尺"、"网格"、"辅助线"

3.1 设计面板辅助技巧

动画制作辅助技巧主要的一些面板大都属于同类面板，比如"混色器"面板、"变形"面板、"对齐"面板，下面具体看一下各个面板。

3.1.1 对齐对象

利用 Flash 可以绘制各种各样的图形，当绘制物理仪器等对各个部件的相对位置要求较为精确的图形的时候，可以使用 Flash 提供的"对齐"面板。

"对齐"面板的打开方式是执行"窗口"/"对齐"命令，如图 3-1 所示。单击"对齐"面板标题栏左上方的黑色三角形可以展开、折叠"对齐"面板或者双击标题栏空白的地方。

分别选中"对齐"、"信息"和"变形"，再单击标题栏右方的下拉菜单按钮 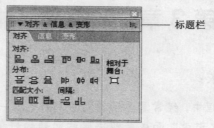，可以把它们组合至新的面板中。通过该按钮还可以最大化面板组和关闭面板组。

图 3-1 "对齐"面板

- 相对于舞台按钮：相对于编辑区进行对齐、分布等的操作。
- 对齐：左对齐按钮、水平中齐按钮、右对齐按钮、上对齐按钮、垂直中齐按钮、底对齐按钮。
- 分布：顶部分布按钮、垂直居中分布按钮、底部分布按钮、左侧分布按钮、水平居中分布按钮、右侧分布按钮。
- 匹配大小：匹配宽度、匹配高度、匹配宽和高。
- 间隔：垂直平均间隔、水平平均间隔。

示例： 演示各个按钮的使用。

操作步骤：

（1）新建一个空白 Flash 文档，打开"属性"面板，设置动画背景为黑色。

（2）选中"工具"面板中的"文本工具"，在编辑区中输入"春夏秋冬"；选中"春"，在"属性"面板中设置文本颜色为绿色，同样分别设置"夏"为红色，"秋"为黄色，"冬"为白色，如图 3-2 所示。

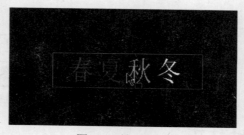

图 3-2 输入文本

（3）选中文本，按【Ctrl+B】快捷键，分离文本一次，如图 3-3 所示。

图 3-3 分离文本

（4）选中分离后的文本，利用"任意变形工具"，放大缩小文本并移动文本的位置，如图 3-4 所示。这样做的主要目的是更加清楚地显示差别。单击"对齐"面板中的左对齐按钮，得到如图 3-5 所示效果。

图 3-4　变形文本

注 意

不要看文本的左边缘是否对齐，而是看文本框也就是蓝色的边框的左边缘是否对齐。

（5）按【Ctrl+Z】快捷键，撤销动作，回到如图 3-4 所示的效果。
（6）选中文本，单击水平中齐按钮，如图 3-6 所示。
（7）重复执行（5），然后单击右对齐按钮，如图 3-7 所示。

图 3-5　左对齐　　　　　　图 3-6　水平中齐　　　　　　图 3-7　右对齐

（8）重复执行（5），然后单击上对齐按钮，如图 3-8 所示。

图 3-8　上对齐

（9）重复执行（5），然后单击垂直中齐按钮，如图 3-9 所示。
（10）重复执行（5），然后单击底对齐按钮，如图 3-10 所示。

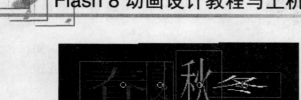

图 3-9　垂直中齐

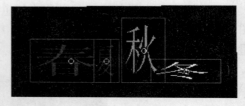

图 3-10　底对齐

3.1.2　利用混色器制作光束

使用混色器可以设置不同于"工具"面板颜色栏中的颜色，用户根据自己的需要可以设置线性、放射状和位图等各种填充属性。选中某一种颜色还可以设定颜色的"色相"、"饱和度"、"亮度"和透明度即 Alpha 值。如果需要还可以利用混色器新建一种填充样本，添加到"工具"面板中的颜色栏中。

利用混色器可以修改笔触颜色 ／▓ 和填充颜色 ▧▓，它的打开方式是执行"窗口"/"混色器"命令，如图 3-11 所示。"混色器"面板的展开、折叠与"对齐"面板一样。单击面板右上角的下拉菜单按钮 ▤，出现如图 3-12 所示的下拉菜单。在下拉菜单中执行 RGB 命令可以切换到 RGB 模式，执行 HSB 命令可以切换到 HSB 模式。执行"添加样本"命令则是刚刚提到的在"工具"面板中新建填充样本的方法。下面详细分析一下。

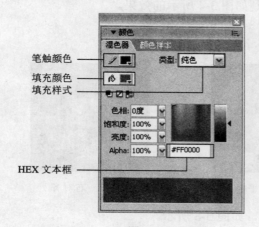

图 3-11　混色器

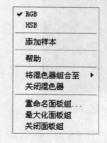

图 3-12　"混色器"下拉菜单

- RGB、HSB 模式：RGB、HSB 是两种设置颜色的不同模式。

当选择 RGB 时，混色器如图 3-13 所示。这时通过红、绿、蓝 3 种原色的不同的数值来最终决定一种颜色，三原色的取值都是在 0～255 之间，可以通过右边的滑杆来调节这个值的大小。

当选择 HSB 时，如图 3-11 所示。颜色是由色相、饱和度、亮度形成。色相的值可以从 0°到 100°。饱和度和亮度的值可以从 0%到 100%。

此外，还可以通过 6 位十六进制数来定义颜色。如图 3-11 所示，在 HEX 文本框中输入数值，然后按回车键即可。

- 添加样本：可以在"工具"面板的颜色栏中添加各种颜色。

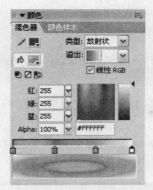

图 3-13　RGB 模式

首先，在混色器中选中笔触颜色或填充颜色，设置一种笔触色或一种填充色。然后执行下拉菜单中的"添加样本"命令。当设置的是一种笔触色时，在"工具"面板中的颜色栏中就添加了一种新的笔触色，如图 3-14 所示。当设置的是一种线性、放射状或位图填充时，在"工具"面板中的颜色栏中同样添加了一种新的填充，如图 3-15 所示。

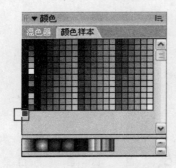

图 3-14　笔触颜色的颜色栏

图 3-15　填充颜色的颜色栏

注　意

笔触颜色可以设置成线性、放射状填充。

在"混色器"面板中，单击填充类型下拉菜单可以设置以下几种样式，如图 3-16 所示。

● "填充类型"选择"纯色"选项：通过移动图 3-17 中的三角形图标设置颜色。

图 3-16　填充样式

图 3-17　取色

● "填充类型"选择"线性"选项：通过设置滑块的个数和颜色来产生线性渐变颜色，滑块可以移动。

注　意

滑块个数不再限制在最多 8 块，但最少仍就是两块。

示例：添加、删除滑块，并给不同的滑块设置不同的颜色。

操作步骤：

（1）鼠标放在颜色条上，当鼠标变成 时，单击添加一个滑块，用同样的方法再添加两个滑块，如图 3-18 所示。

图 3-18　添加滑块

（2）单击要改变颜色的滑块，选择一种颜色，如图 3-19 所示。这时滑块处的线性颜色就改为刚才所选择的颜色，如图 3-20 所示。

图 3-19　选择一种颜色

图 3-20　改变滑块颜色

（3）单击想要删除的滑块不松开，移动鼠标到滑块的下方，这时滑块被删除。

- "填充样式"选择"放射状"选项：通过设置滑块的颜色来产生放射状渐变颜色，滑块的添加、删除、颜色的设置方法同上。
- "填充样式"选择"位图"选项：选择一张位图作为填充。如图 3-21 所示。

示例：用位图作为填充画一个圆形。

操作步骤：

（1）选中"椭圆工具"，在混色器中把"填充样式"设置为"位图"，在弹出的对话框中选择一幅位图，如图 3-21 所示。

（2）在编辑区中画一个椭圆，效果如图 3-22 所示。

图 3-21　用"位图"作填充

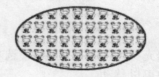

图 3-22　填充位图

技 巧

如果觉得填充的位图太小，可以修改它的大小。

方法：选中"填充变形工具"，单击位图，这时拖动手柄，修改位图的大小。效果如图 3-23 所示。

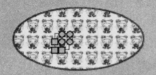 

（a）修改位图大小　　　　　　　　　（b）修改后效果

图 3-23　修改填充的位图大小

除了"无"和"位图"两种填充样式之外，其他的几种样式都可以利用混色器中的 Alpha 选项 Alpha:68% 修改颜色的透明度。

示例： 利用混色器制作光束，效果如图 3-24 所示。

操作步骤：

（1）新建一个 Flash 文档，把画布的背景颜色设置为黑色，利用"矩形工具"画一个矩形，然后利用"部分选取工具"移动顶点的位置，得到如图 3-25 所示的效果。

图 3-24　光束

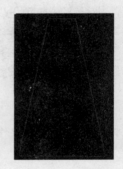

图 3-25　基本图形

（2）利用"椭圆工具"画一个椭圆，删除圆心线，这里要确保线条之间的连接较紧密，效果如图 3-26 所示。

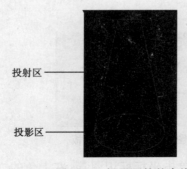

投射区

投影区

图 3-26　投影区的基本线条

（3）光束的填充分为两部分制作。

投射区的制作：打开混色器，"填充样式"是线性；设置两个滑块的颜色都是白色，其中一个滑块的颜色透明度是 0%，另一个是 100%，在投射区填充颜色；使用"填充变形工具"修改填充色达到如图 3-24 所示的效果。

投影区的制作：打开混色器，"填充样式"是放射状；设置两个滑块的颜色都是白色，其中左边的第一个滑块的颜色透明度是 100%，另一个是 0%，在投影区填充颜色；使用"填充变形工具"修改填充色达到如图 3-24 所示的效果。

（4）删除笔触，得到最终效果。

3.1.3　颜色样本面板

前面已经介绍了添加样本的一种方法，接下来看一下如何利用"颜色样本"面板删除样本、保存颜色等。它的打开方式是执行"窗口"/"设计面板"/"颜色样本"命令。

- 删除样本：打开"颜色样本"面板，选中欲删除的颜色，单击"颜色样本"面板标题栏右上角的下拉菜单按钮，执行"删除样本"命令。
- 保存颜色：打开"颜色样本"面板，选中欲保存的颜色，单击"颜色样本"面板标题栏右上角的下拉菜单按钮，执行"保存颜色"命令，在弹出的导出色样对话框中找到一个位置保存颜色。颜色的扩展名为".clr"。保存颜色主要是方便文档之间资源的共享。
- 添加颜色：打开"颜色样本"面板，单击"颜色样本"面板标题栏右上角的下拉菜单按钮，执行"添加颜色"命令，在弹出的导入色样对话框中找到颜色文件。
- 重制样本：打开"颜色样本"面板，选中想要在颜色样本中重复的颜色，单击"颜色样本"面板标题栏右上角的下拉菜单按钮，执行"重制样本"命令，这时在"颜色样本"面板中就有两种颜色一样的样本。

注　意

重制样本、删除样本等操作不能撤销。

3.1.4　信息面板

利用"信息"面板可以查看对象的宽和高、对象的左上角的坐标值、对象的轴心点、对象的 RGB 值、鼠标的精确位置。它的打开方式是执行"窗口"/"设计面板"/"信息"命令，如图 3-27 所示。

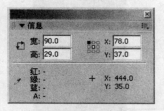

图 3-27　"信息"面板

查看对象的左上角的坐标值，单击坐标标识图 ▦ 左上角的方块，使它变成实心。查看对象的轴心点的坐标值，单击坐标标识图 ▦ 中心的方块，使它变成实心。

技 巧

单击坐标标识图中的左上角或中心的方块，在"属性"面板中也有对应的坐标值。

3.1.5　制作多场景动画

利用场景面板可以重制、添加、删除场景，改变场景的顺序。它的打开方式是执行"窗口"/"设计面板"/"场景"命令，如图 3-28 所示。

在动画中可以有多个场景。这就像把多个独立的动画文件放在一起，组成一个更大更完整的动画一样。每个部分就是一个场景，场景是有顺序的。多个场景按照一定的顺序连续播放就形成了一个影片。

- 重制场景按钮 ⊞：复制选择的场景。选中场景，单击重制场景按钮，如图 3-29 所示。

图 3-28　"场景"面板

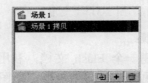

图 3-29　重制场景

- 添加场景按钮 ➕：添加新的场景。执行"插入"/"场景"命令也可以添加一个场景。
- 删除场景按钮 🗑：删除所选择的场景。选中场景，单击删除场景按钮。

场景顺序的改变。打开"场景"面板，动画的播放顺序是从最上面的场景播放到最下面的场景。用鼠标拖动场景到目标的位置，从而改变了场景的顺序。

场景的快速切换，利用 Flash 文档右上角的编辑场景按钮可以快速切换场景，进入场景的编辑状态，如图 3-30 所示。图 3-30 中线框所示的位置，提醒用户当前所在的场景。在"场景"面板中，单击场景可以进行场景的切换。

图 3-30　场景的切换

3.1.6　利用变形面板制作旋转图形

利用"变形"面板可以旋转、倾斜对象。它的打开方式是执行"窗口"/"设计面板"/"变形"命令，如图 3-31 所示。

- 旋转：设置对象的旋转角度。选中对象，设置一个旋转角度，然后单击"复制并应用变形"按钮。
- 倾斜：设置对象的倾斜角度，分为水平倾斜 和垂直倾斜 两个角度。

注 意

旋转和倾斜同时只能选中一个。

示例：制作如图 3-32 所示的图形。

图 3-31 "变形"面板

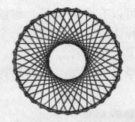

图 3-32 "变形"面板的应用

操作步骤：

（1）新建一个 Flash 文档，利用"矩形工具"画一个矩形，设置笔触颜色是红色，填充颜色是无色，选中这个矩形，如图 3-33 所示。

注 意

矩形的填充颜色必须是无色而不是白色。

（2）打开"变形"面板设置"旋转"为 10°。

（3）不断地单击"复制并应用变形"按钮 ；每单击一次，矩形旋转并复制一次，如图 3-34 所示。

图 3-33 矩形

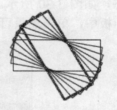

图 3-34 旋转

（4）最终得到如图 3-32 所示的图形。

如果轴心点的位置不同，所旋转出来的图形也不同。轴心点是指所选对象在旋转时所依据的旋转点。要想查看轴心点可以通过"任意变形工具"。用这个工具单击对象，出现的空心圆即轴心点，如图 3-35 所示。

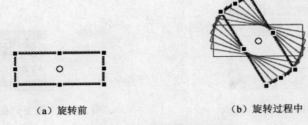

（a）旋转前 　　　　　　　　　　（b）旋转过程中

图 3-35　轴心点的位置

修改轴心点：选中"任意变形工具"，单击对象，鼠标拖动轴心点到目标位置。
例如修改如图 3-33 矩形的轴心点，并设旋转角度为 12°，过程如图 3-36 所示。

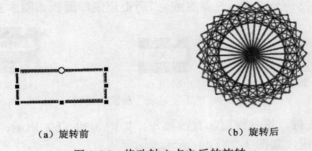

（a）旋转前 　　　　　　　　　　（b）旋转后

图 3-36　修改轴心点之后的旋转

3.2　其他辅助技巧

除了上面讲到的各项技巧，还有一些也是在制作动画过程中必不可少的。例如进行自
学的帮助面板，可以撤销操作的"历史记录"面板、提供标准尺度的"标尺"等。

3.2.1　帮助面板

利用"帮助"面板帮助学习 Flash 知识，搜索需要的内容。它的打开方式是执行"帮
助"/"帮助"或"如何"命令。帮助面板有"帮助"和"如何"两个选项卡。

其中常用按钮包括历史记录回退按钮 ⇦、历史记录前进按钮 ⇨、更新帮助文档按钮
更新 ⟲、目录显示按钮 ⬚、搜索按钮 🔍、打印按钮 🖶。

3.2.2　历史记录面板

利用"历史记录"面板可以撤销或重放某些操作，特别是对时间轴的重复操作，时间
轴的使用在后面进行介绍。它的主要作用是可以提高工作效率。它的打开方式是执行"窗
口"/"其他面板"/"历史记录"命令，如图 3-37 所示。

鼠标拖动面板左侧的滑块向上移动可以撤销一个或多个操作。单击"历史记录"面板
右上角的下拉菜单按钮 ▤，打开一个下拉菜单，其中部分命令如图 3-38 所示。

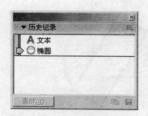

图 3-37 "历史记录"面板

图 3-38 "历史记录"下拉菜单部分命令

● 重放步骤：可以重复做已做完的操作。

示例：按顺序画一个椭圆、矩形、一条直线，利用"重放步骤"重复画一个椭圆和一条直线。

操作步骤：

（1）画一个椭圆、一个矩形、一条直线。"历史记录"面板如图 3-39（a）所示。

图 3-39 "历史记录"面板的使用

（2）按住【Ctrl】键，选择椭圆和直线操作，如图 3-39（b）所示。

（3）单击重放按钮，如图 3-39（c）所示。

● 复制步骤：按【Ctrl+V】快捷键，进行命令的重放。

● 保存为命令：把一些经常用到的操作保存为命令，当使用的时候直接从命令主菜单中运行这些命令。它的效果类似于选中要进行重放的操作，然后单击重放按钮。

> **注 意**
>
> "重放步骤"只能在当前文档中生效，而"保存为命令"所生成的命令可以在所有文挡中执行，除非将它删除。

将保存好的命令删除可以通过执行"命令"/"管理保存的命令"命令，选中要删除的命令，单击删除按钮。

> **注 意**
>
> 如果撤销了步骤 1，又做了步骤 2，那么步骤 1 将不能再被恢复；放大工具的放大缩小操作不能在"历史记录"面板中进行复制和撤销。

"历史记录"面板的首选参数可通过执行"编辑"/"首选参数"/"常规选项卡"/"撤销级别"命令来设置，"撤销级别"指撤销和重放的级数，数字越大占用内存越大，取值范围是 2～9999。

3.2.3 利用标尺、网格、辅助线辅助设计动画

利用标尺、网格和辅助线可以较为准确地确定对象的位置。

- 标尺：它的设置路径是"视图"/"标尺"。当选择标尺之后在编辑区的左边和上边分别出现了一个标尺。

画布的左顶点是标尺的原点，当利用"手形工具"移动画布的时候，标尺会随着画布左顶点位置的变化而变化。当利用"缩放工具"缩放画布的时候，标尺的刻度会随画布的大小更改。标尺的单位可以设定为英寸、点、厘米、毫米、像素。它的设置路径是"修改"/"文档"，在弹出的对话框中设置标尺单位。

- 网格：利用网格确定对象在水平方向和垂直方向上的相对位置。它的设置路径是"视图"/"网格"/"显示网格"。结合标尺和网格工具可以确定对象的位置。执行"视图"/"网格"/"编辑网格"命令，弹出对话框，如图 3-40 所示。在对话框中可以按照需要修改网格的颜色，设置是否显示网格等。

图 3-40 "网格"对话框

当选中"对齐网格"复选框的时候，在创建对象的时候，对象会自动靠齐到网格线上。

示例： 在选中和未选中"对齐网格"命令的时候画一条线段。

操作步骤：

（1）通过视图菜单打开标尺和网格，确保未选中"对齐网格"复选框。

（2）选中"线条工具"，在编辑区中画一条直线，效果如图 3-41 所示。

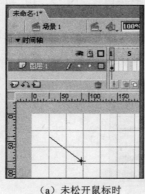 

（a）未松开鼠标时　　　　　　　　　　　（b）松开鼠标后

图 3-41 未选中"对齐网格"复选框时

（3）选中"对齐网格"复选框，重复步骤（2），效果如图 3-42 所示。

设置网格的大小：网格的单位跟当前的标尺的单位是一致的。如标尺的单位是像素，网格的单位也自动改为像素，标尺的单位是厘米，网格的单位也变为厘米。

- 辅助线：利用它可以确定对象的位置或范围。它的设置路径是"视图"/"辅助线"/"显示辅助线"。

（a）未松开鼠标时　　　　　　　　　　　　（b）松开鼠标后

图 3-42　选中"对齐网格"复选框时

在标尺上，按住鼠标左键不放，拖动鼠标到编辑区的某个位置，这时就出现了一条辅助线。在测试影片的时候，看不到辅助线。

辅助线可以是水平方向的也可以是垂直方向。单击编辑区上方的标尺，向下拖动鼠标，可以在水平方向上画辅助线，如图 3-43 所示。单击编辑区左方的标尺，向右拖动鼠标，可以在垂直方向上画辅助线，如图 3-44 所示。

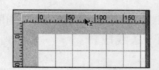

图 3-43　在水平方向上创建辅助线

图 3-44　在垂直方向上创建辅助线

辅助线的删除：单击要删除的辅助线，拖动鼠标到编辑区之外。另外，通过执行"视图"/"辅助线"/"清除引导线"命令，能够删除所有的辅助线。

辅助线的编辑：执行"视图"/"辅助线"/"编辑辅助线"命令，弹出对话框，如图 3-45 所示。其中"锁定辅助线"复选框可以使得辅助线处于锁定状态，避免在制作动画的过程中，不小心将其移动。

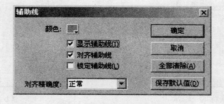

图 3-45　辅助线编辑

在编辑区右击，右键菜单中的"标尺"、"网格"、"辅助线"命令与视图菜单中的同名命令执行相同的操作。

示例：利用辅助线画一个椭圆。

操作步骤：

（1）打开标尺、网格。

（2）拖动鼠标创建一条水平方向上的辅助线，使用同样的方法创建第二条水平方向辅助线，如图 3-46 所示。

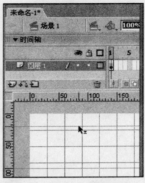

（a）一条水平方向辅助线　　　　　　（b）多条水平方向辅助线

图 3-46　水平方向的辅助线

（3）单击编辑区左边的标尺，制作两条垂直方向上的辅助线，如图 3-47 所示。

（a）一条垂直方向的辅助线　　　　　　（b）多条垂直方向的辅助线

图 3-47　垂直方向的辅助线

（4）选中"椭圆工具"，以所围区域左上角的顶点作为起始点画一个椭圆，如图 3-48 所示。

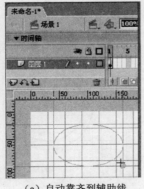

（a）自动靠齐到辅助线　　　　　　（b）画出椭圆

图 3-48　辅助线的应用

3.3 上机实训——制作填充环

1. 实验目的

本实验将制作一个填充环，使学员达到灵活应用辅助线的目的。

2. 实验内容

利用辅助线制作如图 3-49 所示的效果。

图 3-49 填充环

3. 实验过程

实验分析：利用"直线工具"分离对象，利用"辅助线"辅助画出精确的圆。

实验步骤：

（1）新建一个文档，打开标尺和网格功能，选中"对齐网格"复选框，设置网格的宽度和高度都是 15px。

（2）选中"椭圆工具"，设置填充色为无色，笔触颜色为黑色。在编辑区中利用辅助线围成一个长和宽是 150px 的正方形。

（3）利用辅助线围成一个长和宽是 135px 的正方形。在正方形中画一个圆，如图 3-50 所示。

（4）使用同样的方法画 5 个圆，如图 3-51、图 3-52、图 3-53 所示。

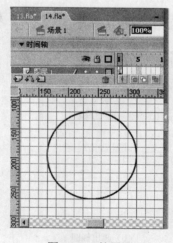

图 3-50 外层圆

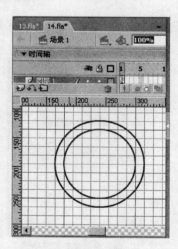

图 3-51 第二层圆

（5）利用"线条工具"在圆的中央画一条垂直的直线。利用"颜料桶工具"填充颜色，如图 3-54 所示。

（6）删除圆中央的垂直线。

技 巧

利用"线条工具"是为了把一个完整的圆分离成两部分，然后利用"颜料桶工具"分别填充。

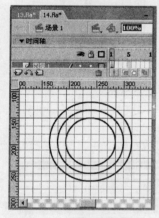

图 3-52　第三层圆

图 3-53　第四层圆

图 3-54　分离圆

实验总结：通过了本次的实验，启发学员灵活应用各种辅助技巧，制作精美的动画。

3.4　本章习题

一、填空题

1. 列出 5 种辅助动画制作的面板＿＿＿＿＿＿、＿＿＿＿＿＿、＿＿＿＿＿＿、＿＿＿＿＿＿、
＿＿＿＿＿＿。

2. 查看对象的轴心点可以使用＿＿＿＿＿＿ 工具。

3. 使用位图作为填充样式，如果要改变位图的大小，可以使用＿＿＿＿＿＿工具。

二、选择题

1. 在"信息"面板中单击坐标标识图中心的方块，查看（　　）的坐标值。

　A．对象的轴心点　　　B．对象左上角　　　C．对象几何中心点　　D．对象右下角

2. 使用位图作为填充可以使用（　　）面板添加位图。

　A．"颜色样本"　　　　B．"场景"　　　　　C．"信息"　　　　　D．"混色器"

3. 利用（　　）可以确定对象的位置或范围。

　A．辅助线　　　　　　B．标尺　　　　　　C．网格　　　　　　D．对齐

三、判断题

1. "变形"面板的作用是按比例缩放对象、扭曲对象。（　　）

2. "重制样本"操作不能通过"历史记录"面板撤销。（　　）

3. 场景可以在场景面板中复制，场景在"场景"面板中的位置不会影响动画。（　　）

四、操作题

1．制作如图 3-55 所示图形。

2．将图 3-56 所示的图形变成比较暗的图 3-57 所示的图形。图 3-56 中的对象是组合对象。

图 3-55　效果图　　　　　　　　图 3-56　原图　　　　　　　图 3-57　效果图

3．利用"混色器"、"文本工具"等制作如图 3-58、图 3-59 所示效果。

图 3-58　文本效果图

图 3-59　混色器

第4章　制作简单动画

学习目的与要求：

有了基本的图形如何使得图形动起来呢？它的关键技术是"时间轴"面板。利用时间轴能够控制动画在某个帧执行什么样的动作。通过"时间轴"面板可以制作简单的 Flash 动画。

本章主要内容：

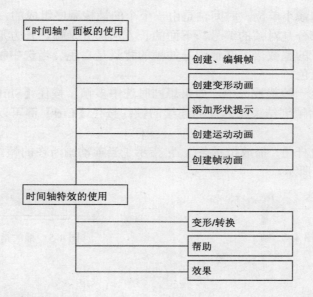

4.1　创建、编辑帧

要使动画动起来的关键是使用时间轴，在开始了解帧之前，先来看一下时间轴的相关知识。

时间轴的打开方式是执行"窗口"/"时间轴"命令，默认情况下新建一个文档时，"时间轴"面板自动打开，如图 4-1 所示。

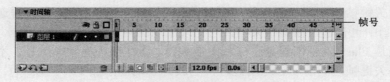

图 4-1　"时间轴"面板

设置"时间轴"面板的首选参数。它的设置路径是"编辑"/"首选参数"/"常规选

项卡"/"时间轴选项",利用它可以指定"时间轴"面板的一些初始设置,如图 4-2 所示。

"基于整体范围的选择"使得选择某两个关键帧之间的帧的时候,可以同时选中两个关键帧之间的帧。

单击"时间轴"面板帧号右角的下拉按钮可以调整时间轴的外观,如图 4-3 所示。

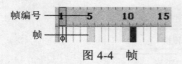

图 4-2　时间轴的初始值　　　　　　　　　　图 4-3　修改外观

帧是时间轴中的最小单位,时间轴是由一个个的帧按顺序组成的,如图 4-4 所示。

上面带数字的部分是对帧的编号,下面的长方形部分是帧。长方形的背景颜色是灰色的表示它的编号是 5 的整数倍,其他编号的帧的背景是白色。当选中帧的时候,被选中帧的背景颜色变为深蓝色。

单击某一帧,这一帧就被选中。如果想同时选中多帧,按住【Shift】键单击起始帧和结束帧可以选中起始帧到结束帧之间的连续的帧;按住【Ctrl】键可以选中不连续的多个帧。

时间轴中的红色杆是"播放指示条",它指示了当前动画所在的帧。可以手动拖动它到其他的帧,如图 4-5 所示。

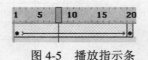

图 4-4　帧　　　　　　　　　　　　图 4-5　播放指示条

4.1.1　普通帧

选中一个帧右击,执行"插入帧"命令,此时长方形的帧中多了一个小的长方形如图。这样就在时间轴中添加了一帧。在菜单栏中执行"插入"/"时间轴"/"帧"命令,也可以插入帧。插入帧的快捷键是【F5】。

动画是由帧按顺序组成的,普通帧是最基本的一种帧。

4.1.2　关键帧

什么是关键帧?在画一条直线的时候,是两点确定一条直线,分别是起始点和结束点。在 Flash 动画中也有起始帧和结束帧,它记录了动画中对象运动的关键点。

关键帧是 Flash 动画创建是否成功中的关键,正是因为有了关键帧,才使得 Flash 能够自动地补齐关键帧之间的动画运动过程,也就是自动地添加了一些帧。

选中一个帧右击,执行"插入关键帧"命令或者执行"插入空白关键帧"命令可以插入关键帧;选中一个普通帧右击,执行"转换为关键帧"命令或者执行"转换为空白关键帧"命令，可以转换为关键帧；关键帧分为空白关键帧和包含内容的关键帧。

空白关键帧如图▫，长方形中有一个空心圆，选中这种帧在编辑区中没有任何对象。包含内容的关键帧如图▪，长方形中有一个实心圆，选中这种帧在编辑区有对应的对象。当选中关键帧的时候，属于这一帧的对象同时也会被全部选中。

注 意

在今后绘制图形的时候不再是简单地画好就可以了，而是要首先确定应该在这个动画中的哪个帧里画。

4.1.3 编辑帧

帧的剪切、复制、粘贴和清除。

- 剪切帧：选中帧，右击执行"剪切帧"命令。
- 复制帧：选中帧，右击执行"复制帧"命令。
- 粘贴帧：选中帧，右击执行"粘贴帧"命令。
- 清除帧：选中帧，右击执行"清除帧"命令。
- 移动帧：选中帧，用鼠标拖动到目标位置。
- 翻转帧：是指把选中的帧的顺序，完全颠倒过来。比如有一个动画它是一个已经创建好的动画的反过程，就可以利用翻转帧，简化动画的制作。

编辑帧还可以通过执行"编辑"/"时间轴"的下一级菜单命令实现，如图 4-6 所示。

当编辑好帧之后可以执行图 4-3 中的"预览"命令，预览帧中的内容。如图 4-7 所示，第 1、2、3 帧分别是 3 个关键帧，帧内容分别是圆形、正方形、三角形。

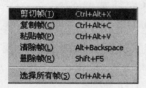

图 4-6 菜单命令

图 4-7 预览帧

当选中帧的时候，在"属性"面板中就会出现对应帧的"属性"面板，如图 4-8 所示。帧的"属性"面板可以分成 3 部分："帧标签"、"补间"、"声音"。"声音"的部分到后面再涉及。

图 4-8 帧的"属性"面板

设置帧标签可以用来标识某一个帧，比如选中编号为 1 的关键帧，在"属性"面板中，设置帧标签为 123。

选中一帧或多帧，"帧标签"文本框变成可修改状，如图 4-9 所示。利用"帧标签"可以给帧起一个名字或对帧做一下注释，还可以在帧上做一个锚记。

当设置上"帧标签"以后，在"时间轴"面板中就可以看到，当"标签类型"是"名称"时，设置了"帧标签"的帧上会出现一个小红旗；当"标签类型"是"注释"时，设置了"帧标签"的帧上会出现双斜杠；当"标签类型"是"锚记"时，设置了"帧标签"的帧上会出现一个锚记，如图 4-10 所示。

 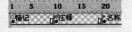

图 4-9　"标签类型"下拉列表框　　　　　　　　　　图 4-10　设置"帧标签"

利用"补间"可以设置 Flash 补齐起始、结束关键帧之间的动画的时候使用什么类型。"补间"主要分为两种类型，"动作"和"形状"，也可以选择"无"，如图 4-11 所示。当选择"无"时，它的意思是不用 Flash 补齐关键帧之间的帧。把相邻的两个关键帧之间的帧称为"补间"，如图 4-12 中编号为 1～15 的关键帧之间的就是"补间"。

 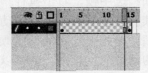

图 4-11　"补间"类型　　　　　　　　　　图 4-12　"补间"

"补间"的添加方法：选中帧，在"属性"面板中单击"补间"下拉列表框，选择一种"补间"类型；第二种方法，选中帧右击，执行"创建补间动画"命令。

"补间"类型选的合适，动画才会创建成功。如果是"形状"类型，帧的背景是绿颜色的，在关键帧之间有一个实线的黑箭头，如果是"动作"类型，帧的背景是蓝颜色的，在关键帧之间有一个实线的黑箭头，如图 4-13 所示。

如果创建的动画不成功，箭头变成一条虚线，如图 4-14 所示。

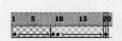 

图 4-13　创建成功的"补间"　　　　　　　　　图 4-14　不成功的动画

这是什么原因呢？Flash 是根据关键帧来确定补间动画的，如果你的关键帧制作不当，Flash 就不能做出正确的判断。

这里列出了两点关键帧不当的情况。起始和结束关键帧有一个关键帧或两个关键帧的内容是空的；起始关键帧和结束关键帧中的对象，性质不一样，即有的关键帧中的对象是组合的，有的关键帧中的对象是分离的。这种错误比较常见。

所谓组合，在第 2 章文本的组合、分离中已经用到。除了文本可以组合分离之外，其他的对象也可以在正确的情况下分离、组合。

利用"工具"面板画一个圆,选中它,如图 4-15 所示,"属性"面板标识为"形状"。

(a) 选中分离对象　　　　　　　　　　(b) 对应的"属性"面板

图 4-15　分离对象

选中分离的对象,执行"修改"/"组合"命令,可以把分离的对象组合起来。把图 4-15 中的对象组合后,如图 4-16 所示。

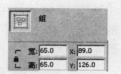

(a) 选中组合对象　　　　　　　　　　(b) 对应的"属性"面板

图 4-16　组合的对象

产生创建的动画不成功的另外一个原因可能是"补间"类型选错了。选择"动作"或选择"形状"取决于关键帧的性质,看它是组合的还是分离的。如果两个关键帧中对象都是分离的,则选择"形状",如果两个关键帧中对象都是组合的,则选择"动作"。

4.2　变形动画

可以把动画分为变形动画和运动动画,但这并不是绝对的,只是根据"补间"类型的取值而做出的模糊分类。

4.2.1　创建变形动画

"补间"类型是"形状"的动画,叫做变形动画。当选择"形状"类型的时候,在"属性"面板中出现对应的属性,如图 4-17 所示。

图 4-17　"形状"类型的"属性"面板

其中"简易"文本框是指如果它的值是小于 0,动画播放时先慢后快;它的值大于 0,动画播放时先快后慢。

如果创建的动画不成功,在"属性"面板中会出现一个图标 ⚠。单击它,若是创建的变形动画不成功,弹出如图 4-18 所示的对话框;创建的"补间"类型是"动作"的动画不成功,弹出如图 4-19 所示的对话框。

有时候虽然创建的动画是成功的,但是并没有达到自己所要的目的。如下面这个错误的例子。

图 4-18 变形动画不成功　　　　　　图 4-19 "动作"动画不成功

示例： 补间类型是"动作"的，由椭圆形渐变成正方形的动画。

操作步骤：

（1）新建一个 Flash 文档，单击"时间轴"面板中图层 1 中的第 1 帧。

（2）这时利用"工具"面板中的"椭圆工具"在编辑区中画一个椭圆，这个椭圆是第 1 帧中的对象是一个分离的对象，为了演示这个例子，把椭圆对象组合一下。

（3）单击图层 1 中的第 10 帧。使用"矩形工具"，按住【Shift】键在编辑区画一个正方形。根据上一节中的知识，如果使用"动作"补间，它的关键帧应该都是组合的，所以组合正方形对象，如图 4-20 所示。

图 4-20 第 10 帧的内容

> **注　意**
>
> 这时 Flash 可能自动把第 1 帧的内容复制到了第 10 帧，把它删除就行了。

（4）两个关键帧的对象都是组合的，设置"补间"为"动作"，选中第 5 帧，如图 4-21 所示。

图 4-21 设置"补间"为"动作"

（5）按【Ctrl+Shift】键测试动画，结果圆形是一次变成正方形，而不是渐渐地变成正方形。

所以这个动画的"补间"类型是不能用"运动"动画，也可以说，这个椭圆形和正方形，如果想作这种渐变的运动，是不能被组合的。如果把关键帧中的对象都分离，设置"补间"类型为"形状"，选中第 5 帧，效果如图 4-22 所示。

图 4-22 "补间"类型是"形状"

4.2.2 添加形状提示

在创建"补间"动画的时候，有些动画是 Flash 很难控制好的。Flash 提供了一个命令可以对这种情况进行一下改观。

示例： 制作一个变形动画，利用形状提示控制图形的变形过程。

操作步骤：

（1）新建一个 Flash 文档，选中第 1 帧，将已经做好的图形，如图 4-23（a）所示，放到编辑区中。

（2）选中第 10 帧，插入关键帧，把图形变成如图 4-23（b）所示。设置"补间"为"形状"。

（a）第 1 帧   （b）第 10 帧

图 4-23 创建动画

（3）测试动画，选中第 5 帧，可以看到图形在变的过程中出现了如图 4-24 所示的情况。

图 4-24　第 5 帧

　（4）选中起始关键帧，即第 1 帧，执行"修改"/"形状"/"添加形状提示"命令，在图中出现图标 ⬤，继续添加。形状提示是按照英文字母表的顺序来创建的。此时在结束帧，即第 10 帧中也出现了对应的图标，移动图标到某个位置，然后在结束关键帧中移动对应字母的图标到目标位置，起始帧 a 的位置，会在变形的过程中逐渐变成结束帧 a 所在的位置。对本示例来说，起始帧和结束帧中形状提示的对应位置如图 4-25（a）、图 4-25（b）所示。

　（5）测试动画，在第 5 帧时的变形情况，如图 4-25（c）所示。

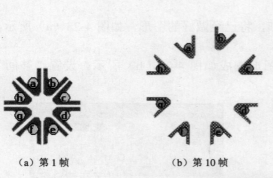

　（a）第 1 帧　　　　　　（b）第 10 帧　　　　　（c）添加形状提示后第 5 帧

图 4-25　添加形状提示

技 巧

　　删除已经创建好的形状提示，可以用鼠标拖动图标，直到拖出到编辑区的外面。
　　执行"修改"/"形状"/"删除所有提示"可以删除所有提示。

4.2.3　山的变化

　利用"时间轴"面板创建变形动画。

　示例：制作变形动画"山的变化"。

操作步骤：

（1）新建一个 Flash 文档，利用"工具"面板制作如图 4-26 所示山的形状。

（2）选中第 5 帧，插入关键帧，利用"任意变形工具"修改对象，如图 4-27 所示。

图 4-26　第 1 帧

图 4-27　第 5 帧

（3）选中第 10 帧，插入关键帧，修改图形。此后，分别在第 15、20、25、30 帧处插入关键帧。在这几帧处的对象分别如图 4-28 所示。

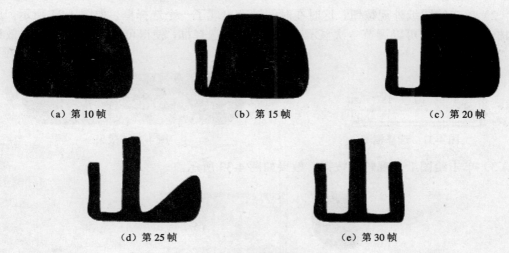

（a）第 10 帧　　　　（b）第 15 帧　　　　（c）第 20 帧

（d）第 25 帧　　　　（e）第 30 帧

图 4-28　过程图

（4）在第 1 帧和第 5 帧之间，设置"补间"为"形状"，其他的"补间"做同样的设置。时间轴最终如图 4-29 所示。

图 4-29　时间轴的情况

4.2.4　利用帧的多种编辑方式制作变换的曲线

在"时间轴"面板的右下角是它的状态条，其中有一些辅助功能，如图 4-30 所示。

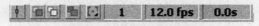
图 4-30　时间轴的状态条

● 帧居中按钮　：使得"播放指示条"所在的帧位于"时间轴"面板的中间。

- 绘图纸外观按钮⬚：使得同时可以看到很多帧的内容。可以查看对象是否冲齐。
- 绘图纸外观轮廓按钮⬚：使得所选中的多个帧，只显示轮廓，不显示填充。
- 编辑多个帧按钮⬚：可以同时修改多个关键帧。
- 修改绘图纸标记按钮⬚：可以设置同时绘制多少帧。
- 当前帧 1 ：显示当前"播放指示条"所在的帧号。
- 帧频率 12.0 fps ：每秒钟播放的帧数，默认的是 12 帧每秒。
- 运行时间 0.0s ："播放指示条"从第 1 帧运行到当前帧所需要的时间，以秒为
  单位。

示例： 演示各个按钮的使用效果。

操作步骤：

（1）新建一个文档，选中第 20 帧，插入关键帧，在第 1 帧画一个正圆，复制圆，选中第 20 帧，粘贴。

（2）单击绘图纸外观按钮，这时在时间轴上出现了一个选择框，如图 4-31 所示。通过拖动框两边的圆圈可以调节一次显示哪些帧。拖动选择框，使得可以看到第 20 帧，效果如图 4-32 所示。

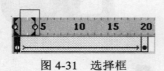

图 4-31　选择框　　　　　　　　　　　图 4-32　效果

（3）单击绘图纸外观轮廓按钮，效果如图 4-33 所示。

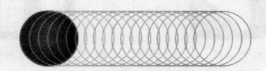

图 4-33　单击绘图纸外观轮廓按钮

（4）单击编辑多个帧按钮，效果如图 4-34 所示。

图 4-34　单击编辑多个帧按钮

示例： 利用帧的多种编辑方式制作变换的曲线，如图 4-35 所示。

图 4-35　变换的曲线

操作步骤：

（1）在图 4-34 的基础上删除关键帧的填充色，按住【Shift】键选中所有帧，然后右击，执行"转换为关键帧"命令。时间轴变为如图 4-36 所示。

（2）选中所有关键帧，在对象上，右击执行"复制"命令。

图 4-36　转换为关键帧

（3）新建一个空白关键帧，在编辑区中粘贴，然后把其他的帧都删除。

4.3　创建运动动画、帧动画

运动动画是模糊分类中的另一种动画，而帧动画就相对简单一点，较容易理解。这两种动画都是动画学习者必须掌握的内容。

4.3.1　创建运动动画

把"补间"类型是"动作"的动画，叫做运动动画。

示例："补间"类型是动作的小球运动。

操作步骤：

（1）选择第 10 帧，插入一个运动过程中的关键帧，效果如图 4-37 所示。

（2）选中第 1 帧，画一个小球。选中小球右击，执行"复制"命令。这时从第 1 帧到第 9 帧中间的帧 Flash 自动添加，并且帧中的内容与第 1 帧中的内容一样，如图 4-38 所示。

（3）选中第 10 帧，在编辑区右击，执行"粘贴"命令，如图 4-39 所示。

　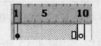　

图 4-37　插入关键帧　　　图 4-38　添加关键帧内容　　　图 4-39　在结束帧粘贴

（4）选中第 10 帧，移动小球的位置如图 4-40 所示。

（5）选中第 20 帧，在编辑区右击，执行"粘贴"命令，并把小球移动到如图 4-41 所示位置。

（6）分别选中第 1 帧、第 10 帧、第 20 帧，通过执行"修改"/"组合"命令，把小球组合。

（7）选中第 1 帧到第 10 帧中间的任何一帧，打开"属性"面板，设置它的"补间"类型是"动作"。选中第 10 帧到第 20 帧中间的任何一帧，设置它的"补间"类型是"动作"，如图 4-42 所示。

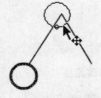　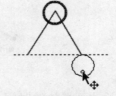　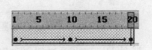

图 4-40　在第 10 帧移动小球　　　图 4-41　在第 20 帧移动小球　　　图 4-42　创建"补间"

当选择"动作"类型的时候，在"属性"面板中出现对应的属性。

- 缓动：[──] [编辑…]："缓动"属性主要是设置动画播放的速度。通过右边的滑杆可以调节"缓动"值的大小。默认值是 0，代表匀速运动；当值是正数的时候是减速运动，当值是负数的时候是加速运动。在 Flash 8 中添加了一种功能，可以编辑不同区间内动画播放的速度。方法如下所示。

单击"编辑"按钮，打开如图 4-43 所示的窗口。

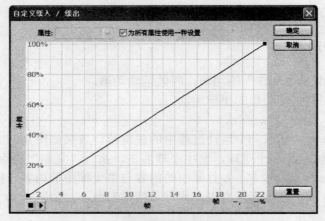

图 4-43　自定义缓入/缓出

横坐标是"帧"，竖坐标是"补间"。如图 4-43 所示的图线，代表从第一帧到最后一帧做的是匀速运动，如果要改变动画运动速度，鼠标在图线上想要改变速度的地方单击一下，出现如图 4-44 所示的图形。

然后鼠标拖动图 4-44 中方框内的空心圆点可以改变速度变化的规律，单击方框内的实心方点可以改变速度变化的点的位置，如图 4-45 所示。

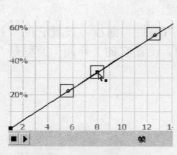

图 4-44　选择变速的点

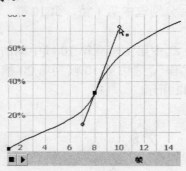

图 4-45　修改速度

其他还可以通过改变帧频率或延长动画播放的时间来改变动画的速度。

● ：通过"旋转"属性可以设置动画是以"顺时针"还是"逆时针"旋转。次数是指在起始关键帧和结束关键帧之间，对象要重复播放几次。

示例：对象的旋转。

操作步骤：

（1）在第 1 帧、第 28 帧插入关键帧，在第 1 帧创建对象，在第 28 帧中复制第 1 帧的对象并缩小。选中第 1 帧与第 28 帧中间的任何一帧，打开"属性"面板。设置它的"补间"是"动画"。

（2）设旋转属性为"顺时针"，次数为 1 次。

因为在第 1 帧处旋转的轴心点是在如图 4-46 线框所示的位置，第 28 帧处旋转的轴心点是在如图 4-47 所示位置。在旋转的过程中它的旋转半径也在不断地减小，所以会出现螺旋。

图 4-46 第 1 帧处的轴心点   图 4-47 第 28 帧处的轴心点

利用"绘图纸外观"和"编辑多个帧"按钮查看一下，如图 4-48 所示。

图 4-48 查看过程

注 意

通过"任意变形工具"可以修改旋转的轴心点。

4.3.2 创建帧动画

可以把那些全部由关键帧组成的动画叫帧动画。帧动画在某些场合下是非常实用的，也是动画制作者不可放弃的动画形式，例如快速切换对象。

示例：制作啄木鸟捉虫的动画。

（1）第 1 帧，作如图 4-49 所示图形。

（2）第 2 帧，作如图 4-50 所示图形。

图 4-49　帧动画的第 1 帧

图 4-50　帧动画的第 2 帧

4.4　时间轴特效

　　为了方便用户制作动画，Flash 8 把一些常用的效果，嵌入到软件中。执行"插入"/"时间轴特效"命令。除了可以使用菜单栏中的命令之外，也可以通过选中对象，然后右击，执行"时间轴特效"命令实现。

4.4.1　变形/转换

　　时间轴特效分为 3 部分内容，"变形/转换"、"帮助"、"效果"。"变形/转换"包含"变形"和"转换"。"帮助"包含"分散式重制"、"复制到网格"。"效果"包含"分离"、"展开"、"投影"、"模糊"。

- "变形"："变形"类似"补间"类型是"动画"时设置的旋转动画。它的设置面板如图 4-51 所示。

图 4-51　"变形"设置面板

　　"效果持续时间"是设置这个特效所占的帧数。

"更改位置方式"是指对象的最后一帧是从当前的位置，分别沿水平方向和垂直方向移动 X 和 Y 个像素数。

"缩放比例"是指最后一帧的对象与原对象的比例。

"旋转"可以调节对象旋转的角度或旋转的次数；方向按钮可以调节旋转是按逆时针还是顺时针。

"更改颜色"和"最终颜色"可以设置对象的最后一帧颜色是否改变以及改变成什么颜色。

"最终的 Alpha"可以设置最后一帧的对象的透明度，以此产生一种透明度渐变的效果。

"移动减慢"设置动画播放的速度问题。

- "转换"："转换"可以设置对象按不同的方式淡化、涂抹。它的设置面板如图 4-52 所示。

注 意

"效果持续时间"的意义同"变形"一样。

"方向"的两个单选项"入"或"出"，分别是指对象的透明度从 0%到 100%以及从 100% 到 0%。

"淡化"使得对象的透明度逐渐变化，如图 4-53、图 4-54 所示。

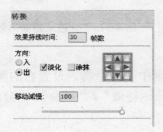

图 4-52　"转换"设置面板

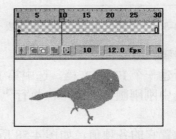

图 4-53　第 10 帧时的透明度

"涂抹"使得对象一部分一部分地显示出来。第 15 帧时如图 4-55 所示，第 30 帧时如图 4-54 所示。

图 4-54　第 30 帧时的透明度

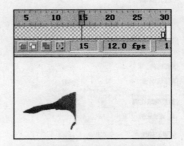

图 4-55　第 15 帧时

"方向框"可以设置"涂抹"时，是从对象的哪一个方向开始涂抹。▶是指从左到右渐显，▲是指从下到上渐显。

"移动减慢"是通过拉动滑块可以设置开始时速度较慢，然后逐渐变快；或开始时比较快，逐渐变慢。

4.4.2 帮助

"帮助"包含"分散式重制"和"复制到网格"两种特效。

- "分散式重制"可以设置对象以某种形式不断地自我复制，它的设置面板如图 4-56 所示。

示例：制作如图 4-57 所示的图形。

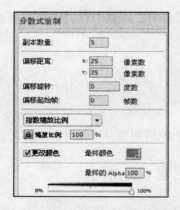

图 4-56 "分散式重制"的设置面板

图 4-57 "分散式重制"效果图

操作步骤：

（1）新建一个 Flash 文档，选中第 1 帧，在编辑区中画一个圆，设置它的颜色为蓝色。

（2）选中刚刚画好的圆形，执行"插入"/"时间轴特效"/"帮助"/"分散式重制"命令。

（3）设置它的各项值，如图 4-58 所示。

（4）单击"确定"按钮。

- "复制到网格"设置对象按照垂直和水平方向复制。它的设置面板如图 4-59 所示。

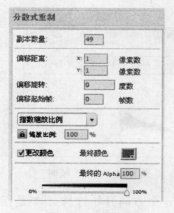

图 4-58 设置值

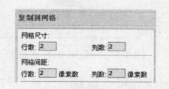

图 4-59 复制到网格设置面板

示例：制作如图 4-60 所示的图形。

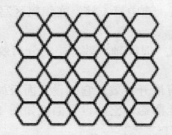

图 4-60 "复制到网格"效果图

操作步骤：

（1）新建一个 Flash 文档，在编辑区画一个六边形 ⬡ 。

（2）选中六边形，打开"复制到网格"面板，设置"行数"和"列数"的值都是 5，网格间距都是 0，单击"确定"按钮。

4.4.3 效果

"效果"包含"分离"、"展开"、"投影"和"模糊"特效。

● "分离"设置对象打碎，它的设置面板如图 4-61 所示。

图 4-61 "分离"设置面板

示例：利用"分离"特效，使得文字被分开，如图 4-62 所示。

（a）第 1 帧

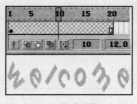

（b）第 10 帧

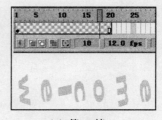

（c）第 18 帧

图 4-62 文字的分开

操作步骤：

（1）新建一个 Flash 文档，选中第 1 帧，在编辑区写下字母 welcome。如图 4-62（a）所示。

（2）选中 welcome，设置"时间轴特效"中的分离效果。

（3）单击"确定"按钮。

● "展开"设置对象具有展开特效，它的设置面板如图 4-63 所示。

● "投影"给对象添加上阴影，它的设置面板如图 4-64 所示。

图 4-63　"展开"的设置面板

图 4-64　"投影"的设置面板

示例：制作如图 4-65 所示效果。

操作步骤：

（1）新建一个 Flash 文档，选中第 1 帧，在编辑区作一个图形，如图 4-66 所示。

图 4-65　"投影"效果图

图 4-66　第 1 帧中的图形

（2）选中对象，打开"投影"面板，设置它的各个属性，如图 4-64 所示。

（3）单击"确定"按钮。

● "模糊"设置对象沿某一个方向或多个方向模糊，它的设置面板如图 4-67 所示。

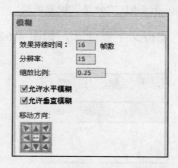

图 4-67　"模糊"的设置面板

"允许水平模糊"允许对象在水平方向上发生模糊。

"允许垂直模糊"允许对象在垂直方向上发生模糊。

"移动方向"设置对象向哪个方向模糊。

示例：利用"变形"面板和"时间轴特效"中的"模糊"制作动画。

操作步骤：

（1）新建一个 Flash 文档，选中第 1 帧，在编辑区画一个矩形▭▭▭，利用"旋转"面板制作图形，"旋转"值设为 30°，如图 4-68（a）中所示。

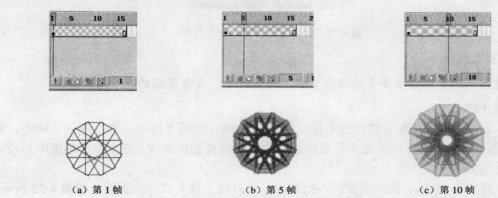

（a）第 1 帧　　　　　　（b）第 5 帧　　　　　　（c）第 10 帧

图 4-68　利用"模糊"制作动画

（2）选中对象，打开"模糊"面板，设置"效果持续时间"是 16 帧，"分辨率"是 15，"缩放比例"是 0.25，选中"允许水平模糊"，"允许垂直模糊"，"移动方向"是所有方向。

（3）单击"确定"按钮，完成动画的制作，效果如图 4-68（b）、图 4-68（c）所示。

当设置好特效后如果想修改特效可以通过执行"修改"/"时间轴特效"命令或者选中对象，然后右击，执行"时间轴特效"命令，这时可以看到它比别的对象多了一个"编辑特效"。执行"删除特效"命令可以删除时间轴特效。

当创建好时间轴特效之后，一般不能再对特效的帧进行修改，比如想要添加一个关键帧时会弹出警告对话框，如图 4-69 所示。单击"确定"按钮之后，选中对象，然后右击，"编辑特效"就是不可用的。

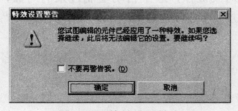

图 4-69　特效设置警告

4.5　上机实训——圆的变换

1．实验目的

本实验通过一个圆的变换，来熟悉关键帧的使用和变形动画的制作方法。

2．实验内容

制作圆的变形动画，当制作完毕之后，单击"绘图纸外观"按钮，如图 4-70 所示。

图 4-70　单击"绘图纸外观"按钮

3. 实验过程

实验分析：本实验主要是通过设置不同的关键帧，来实现圆的连续运动。

实验步骤：

（1）新建一个 Flash 文档，选中图层 1 的第 1 帧，利用"椭圆工具"画一个椭圆，如图 4-71 所示。图中的直线段是为了定位圆的位置而设置的辅助线，它在整个动画中是没有任何变化的。

（2）选中第 10 帧，插入关键帧，把圆在水平方向上放大成一个正圆，如图 4-72 所示。

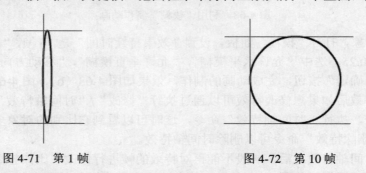

图 4-71　第 1 帧　　　　　　　　　　　　　　图 4-72　第 10 帧

（3）选中第 20 帧，插入关键帧，设置对象与第 1 帧时的大小和位置一样。

（4）选中第 21 帧，插入关键帧，选中自动复制过来的对象，利用"任意变形工具"修改它的轴心点，如图 4-73 所示，然后执行"修改" / "变形" / "水平翻转"命令，得到如图 4-74 所示的图形。

（5）选中第 30 帧，插入关键帧，放大第 21 帧中对象，使得它在第 30 帧变成一个正圆，如图 4-75 所示。

图 4-73　修改轴心点　　　　图 4-74　第 21 帧　　　　图 4-75　第 30 帧

（6）选中第 40 帧，插入关键帧，设置圆和第 21 帧的相同。直接复制第 21 帧，然后在第 40 帧，执行"粘贴到当前位置"命令即可。

（7）设置所有的"补间"动画为"形状"。

注　意

利用翻转帧的操作，看看能不能实现同样的效果。

实验总结：通过了本次的实验，学员应该能够熟练地制作各种变形动画和运动动画。

4.6　本章习题

一、填空题

1. 动画的"补间"类型可以分为＿＿＿＿＿、＿＿＿＿＿。

2. 例举几种时间轴特效：＿＿＿＿＿、＿＿＿＿＿、＿＿＿＿＿。

3. 帧分为 ＿＿＿＿＿、＿＿＿＿＿两种类型。

二、选择题

1. 如果创建的是变形动画，关键帧中的对象一般选择（　　），如果创建的是运动动画，关键帧中的对象一般选择的是（　　）。

 A. 分离　组合　　　 B. 组合　分离　　　 C. 分离　分离　　　 D. 组合　组合

2. 以下哪项不是时间轴特效中的"效果"特效（　　）。

 A."分离"　　　　 B."展开"　　　　 C."投影"　　　　 D."分散式重制"

3. 添加形状提示，最多可以添加（　　）对。

 A. 10　　　　　 B. 26　　　　　 C. 20　　　　　 D. 无数个

三、判断题

1. 起始、结束关键帧中的对象都是组合对象，则动画的"补间"类型应为"形状"类型。（　　）

2. "简易"文本框设置的是动画的旋转方向。（　　）

3. "图层"是时间轴中的最小单位。（　　）

四、操作题

1. 制作动画，如图 4-76 所示，一笔一笔地写出"友"字。

2. 制作旋转动画，使对象按照如图 4-77 所示的轨迹运行。

图 4-76　最后 1 帧的效果

图 4-77　旋转动画

Learn more about it !

第5章 元件与实例

学习目的与要求：

元件在动画的制作中，起着举足轻重的作用。利用元件可以提高制作动画的效率，使多个动画之间互相利用已经创建好的元件，缩小动画的大小等，是 Flash 的一项关键技术。

本章主要内容：

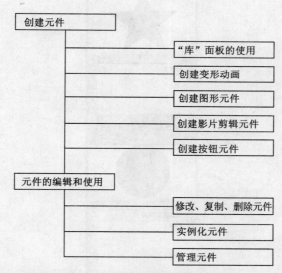

元件就是把那些经常用到的部分，单独拿出来做好了，然后放到库中，用的时候直接拖出来就可以了，而且还能对它进行修改。

5.1 创建元件

元件的使用离不开"库"面板。库是元件操作的平台。创建好的元件存放在库当中，当要使用或对元件进行编辑的时候可以使用"库"面板。

库面板的打开方式是执行"窗口"/"库"命令。"库"面板由标题栏、预览区、元件区和操作栏组成，如图 5-1 所示。

在预览区中可以预览库中的元件，如果选中的元件是由多帧组成的，在预览区的右上角，会出现播放和停

图 5-1 库面板

止按钮。鼠标在预览区中右击后打开如图 5-2 所示的菜单。在这里可以设置预览区的背景
颜色，以及是否显示网格。

图 5-2　预览区

当同时打开多个或同时创建了多个 Flash 文档的时候，它们的库可以同时看到，如
图 5-3 所示。

图 5-3　多个文件的库

- 标题栏：单击标题栏上的 Flash 文档名，可以展开或折叠"库"面板。
- 预览区：预览创建好的图形、影片或按钮元件。
- 元件区：组织、排列创建好的元件。
- 操作栏：使用操作栏创建元件、创建管理对象的文件夹、修改元件属性以及删除项目。

在操作栏中主要有 4 个按钮，它们分别是创建元件按钮、新建文件夹按钮、修改
属性按钮 和删除按钮。

注　意

当选中文件夹的时候，修改属性按钮为不可用。

创建元件有多种方法。通过执行"插入"/"新建元件"命令新建元件；单击"库"面
板操作栏中的"创建元件按钮"，把已经存在的对象转换为元件。

转换为元件的方法是选中要转换成元件的对象，通过执行"修改"/"转换为元件"命令或者是选中对象右击，执行"转换为元件"命令，把对象转换为元件。

元件有 3 种行为类型，分别是影片剪辑、图形、按钮。

5.1.1 创建图形元件

执行"插入"/"新建元件"命令，弹出对话框，如图 5-4 所示。

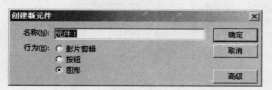

图 5-4 "创建新元件"对话框

在"名称"文本框中给元件起一个利于辨别的名称，然后选择"图形"单选按钮，单击"确定"按钮。进入图形元件的编辑状态，通过编辑区的"文档选项卡"处，单击场景可以再切换到场景，如图 5-5 所示。

图 5-5 文档选项卡

进入元件的编辑状态后，在编辑区的中心位置有一个符号 + 。

图形元件在库中的图标是 。

示例： 新建一个图形元件。

操作步骤：

（1）执行"插入"/"新建元件"命令，新建一个名称为"图形"，行为类型为"图形"的元件。进入元件的编辑区，利用"线条工具"制作如图 5-6 所示图形。

（2）选中所作的对象，执行"编辑"/"复制"命令，并粘贴到元件的编辑区中。

（3）选中刚刚粘贴好的对象，首先执行"修改"/"变形"/"水平翻转"命令，然后执行"修改"/"变形"/"垂直翻转"命令，如图 5-7 所示。

图 5-6 图形 1　　　　　　图 5-7 图形 2

（4）排列对象，得到如图 5-8 所示的对象。

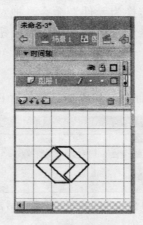

图 5-8　图形元件

5.1.2　创建影片剪辑元件

如果一个动画中的某对象重复地做一个动作，或者是一个对象在不断地做一个动作的同时，还在做另外一个不同的动作，可以把各个动作拆分开来做。

创建影片剪辑元件的方法同图形元件，只不过选择类型时选择"影片剪辑"。它在库中的图标是 。

更改影片剪辑元件属性时，在库中选中元件，右击执行"属性"命令，或者是单击"库"面板左下方的属性按钮 。

影片剪辑的编辑窗口跟在主场景中的一样。所以在这里不再赘述它的编辑窗口。

5.1.3　创建按钮元件

执行"插入"/"新建元件"命令，然后选择"按钮"类型，单击"确定"按钮，进入按钮元件的编辑状态。此时"时间轴"面板如图 5-9 所示。新创建的按钮元件出现在"库"面板的元件区中，它的类型标志是 。

图 5-9　按钮元件的时间轴

在 Flash 中按钮的状态分为"弹起"、"指针经过"、"按下"、"点击"4 种。常用的是"弹起"、"指针经过"、"按下"这 3 种状态。

"弹起"是指鼠标不在按钮的地方的时候，"指针经过"是指鼠标悬浮在按钮上的时候，"按下"是指鼠标单击按钮还没有松开鼠标的时候。

示例：制作一个按钮元件。

操作步骤：

（1）新建一个按钮元件，进入它的编辑状态。

（2）选中第 1 帧，利用"线条工具"制作如图 5-10 所示图形。

（3）选中第 2 帧，利用"文本工具"制作出图 5-11 所示的图形。

（4）选中第 3 帧，利用"颜料桶工具"，改变文字的颜色，制作如图 5-12 所示的图形。

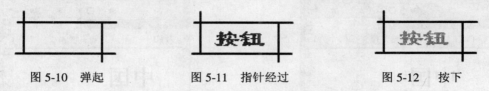

图 5-10　弹起　　　　　　　图 5-11　指针经过　　　　　　　图 5-12　　按下

5.2　元件的编辑和使用

当创建好元件之后，如果想要重新改动一下，应该怎么操作，如何把制作好的元件应用到动画中，是本节探讨的主要问题。

5.2.1　修改、复制、删除元件

● 修改元件：在创建好元件之后，在一些情况下需要修改。

重命名元件。打开"库"面板，双击元件的名称，输入新的名称。

修改元件的内容。打开"库"面板，双击元件的图标，修改元件内容或者选中元件，右击执行"编辑"命令。

修改元件的属性。选中元件右击，执行"属性"命令修改元件的行为类型。单击标题栏上的下拉菜单按钮，执行"属性"命令，也可以修改元件的行为类型。

● 复制元件：打开"库"面板，选中想要复制的元件，单击标题栏下拉菜单按钮，执行"重制"命令。

● 删除元件：打开"库"面板，选中元件右击，执行"删除"命令。

示例：制作如图 5-13 所示的元件。

操作步骤：

（1）新建文档，选中"文本工具"，在编辑区中写下"中国"两字，如图 5-13 所示。

（2）选中文字右击，执行"转化为元件"命令，在弹出的对话框中命名元件的名字为"中国"，行为类型为"图形"，如图 5-14 所示。

图 5-13　写文字

图 5-14　转换为元件

（3）在编辑区中双击图形元件，进入元件的编辑窗口，如图 5-15 所示。

（4）选中文字右击，执行"分离"命令两次，如图 5-16 所示。

图 5-15　编辑元件

图 5-16　分离文字

（5）在编辑区中右击，执行"标尺"命令以及"网格"/"显示网格"命令。

（6）在"中"字的四周创建辅助线，如图 5-17 所示。

（7）选中"椭圆工具"，设置"椭圆工具"的填充色是无色，线条颜色是黑色。在"中"字上画一个圆，如图 5-18 所示。

图 5-17　使用辅助线

图 5-18　画圆

（8）删除圆形，如图 5-19 所示。

（9）使用相同的方法制作"国"字，如图 5-20 所示。

技 巧

利用"辅助线"可以较精确地定位对象的位置。

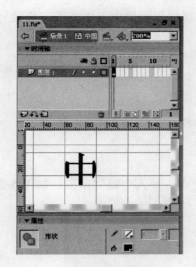

图 5-19　删除圆形

图 5-20　最终效果

5.2.2　实例化元件

元件创建好之后应该如何应用到场景呢？

首先打开"库"面板，然后在元件区中单击想要使用的元件，按住鼠标不松开，拖动鼠标到编辑区中，这时元件就被实例化了。另一种方法是在元件区中单击想要使用的元件，然后在预览区中单击，拖动鼠标到编辑区中。元件是一种组合的对象，当把它分离之后，它就不再是元件的实例了。

选中编辑区中的各种行为类型的元件的实例，在"属性"面板中分别有对应的属性。

- 图形类型：选中图形类型的元件实例，在"属性"面板中可以查看图形元件的大小、实例的位置，并且可以修改元件的一些属性，如图 5-21 所示。

图 5-21　图形元件

- 影片类型：选中影片类型的元件实例，在"属性"面板中可以查看，并且可以修改元件的一些属性，如图 5-22 所示。

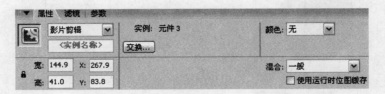

图 5-22　影片元件

- 按钮类型：选中按钮类型的元件实例，在"属性"面板中可以查看、修改元件的一些属性，如图 5-23 所示。

图 5-23　按钮元件

示例：利用"属性"面板修改元件的属性。

操作步骤：

（1）执行"文件"/"导入"/"导入到舞台"命令，导入一幅矢量图，如图 5-24 所示。

（2）利用"选择工具"全选矢量图，如图 5-25 所示。

图 5-24　导入图

图 5-25　全选

（3）执行"修改"/"转换为元件"命令，如图 5-26 所示。

（4）在"属性"面板中，设置颜色属性的值为亮度，在右侧的滑杆中设置亮度是 57%，如图 5-27 所示。

图 5-26　转换为元件后

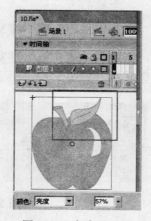

图 5-27　亮度是 57%

（5）在"属性"面板中，设置"颜色"属性的值为"色调"，在右侧的滑杆中设置 80%，如图 5-28 所示。

（6）在"属性"面板中，设置"颜色"属性的值为 Alpha，在右侧的滑杆中设置亮度是 40%，如图 5-29 所示。

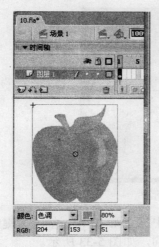

图 5-28　色调 80%

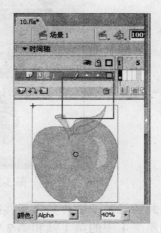

图 5-29　Alpha40%

（7）在"属性"面板中，设置"颜色"属性的值为"高级"，如图 5-30 所示，单击"设置"按钮弹出对话框，如图 5-31 所示。

图 5-30　高级设置

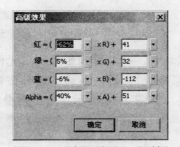

图 5-31　"高级效果"对话框

注　意

亮度跟透明度的效果并不一样。如图 5-27 和图 5-29 线框所示。图 5-27 的叶子后面的果肉是看不到的，但是图 5-29 却因为透明度降低透过叶子看到了果肉。

示例：实例化影片剪辑元件。

操作步骤:

（1）新建一个 Flash 文档，执行"插入"/"新建元件"命令，在弹出的对话框中选择"影片剪辑"。

（2）制作如图 5-32 所示的影片剪辑元件。有一个椭圆形的图形，不断地在做旋转运动。

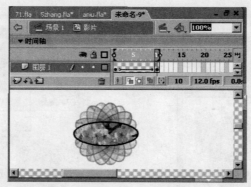

图 5-32　影片剪辑元件

（3）切换到场景，把影片剪辑元件拖到图层 1 中，在第 10 帧，插入关键帧。

（4）使得图层 1 中的第 1 帧和第 2 帧的位置不同，如图 5-33 所示。

图 5-33　场景

（5）测试动画，可以看到影片剪辑元件一边在不停地旋转，一边在沿着直线运动。

单击"库"面板元件区右边的展开按钮□，可以扩展"库"面板，从而查看更多的元件的相关属性，如图 5-34 所示。单击折叠按钮□，可以查看元件的部分属性。

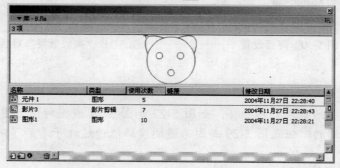

图 5-34　展开库面板

通过"使用次数"栏可以查看元件被使用的次数。单击标题栏中的下拉菜单按钮，在下拉菜单中执行"立即更新使用次数"命令，这时可以在"库"面板中的"使用次数"栏中看到最新的使用次数。

新建图形、按钮或影片元件之后，单击"库"面板标题栏中的下拉菜单按钮，执行"链接"命令，弹出如图 5-35 所示对话框。

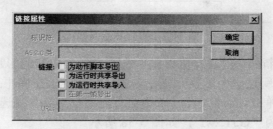

图 5-35 "链接属性"对话框

利用"链接属性"对话框可以设置多个动画之间的资源共享。

示例： 新建两个 Flash 文档，使得 2.fla 调用 1.swf 库中影片元件的资源。

操作步骤：

（1）新建两个空的 Flash 文档，1.fla 和 2.fla，在 1. fla 中，新建影片元件"形状变形"。

（2）进入"形状变形"元件的编辑状态。在编辑区中利用"椭圆工具"在第 1 帧中画一个圆，填充色为线性渐变，利用"多角星形工具"在第 10 帧中画一个五角星，填充色为红色，设置"补间"类型为"形状"，得到从圆形变为五角星的变形动画，如图 5-36所示。

图 5-36 "形状变形"元件

（3）打开 1.fla 中的"库"面板，选中刚刚创建好的影片元件，右击执行"链接"命令，或者是执行"库"面板标题栏中下拉菜单中的"链接"命令。弹出对话框，选中"为运行时共享导出"复选框，设置标识符为"变形"，URL 文本框设置为"G:/"，如图 5-37所示。

（4）切换到 2.fla 中，现在要使得 2.fla 可以直接利用 1.fla 中的"形状变形"影片元件，而不需要再重新做。

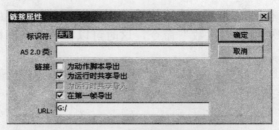

图 5-37　设置导出属性

　　（5）虽然不需要重新做，但还是需要做一个不含任何内容的影片元件，以便把 1.fla 中的影片调入进来。所以新建一个影片元件，名称任意设置。在库中选中这个影片元件，右击执行"链接"命令，弹出对话框，选中"为运行时共享导入"复选框，设置标识符为"变形"，URL 文本框设置为"G:/1.swf"，如图 5-38 所示。

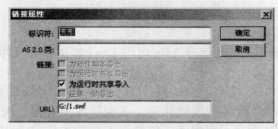

图 5-38　设置导入属性

　　（6）在 2.fla 中，利用鼠标拖动影片元件到场景的编辑区中，如图 5-39 所示。

图 5-39　元件的实例化

注　意

　　此时虽然是一个没有任何内容的元件，但是这一步必须要做，只有这样才在动画中使用了这个元件，才能使得 2.fla 从 1.fla 中导入的元件能够在测试 2.fla 场景的时候看出来。

　　（7）把 1.fla 和 2.fla 均保存到 G 盘根目录下，并分别发布为 1.swf 和 2.swf。

　　两个动画的链接属性一个设为"为运行时共享导出"，一个设为"为运行时共享导入"；两个动画的标识符必须一样；对两个动画进行发布，导入属性中的 URL 中的扩展名是.swf。

　　（8）在 1.fla 中，单击"库"面板右上角的下拉菜单按钮，执行下拉菜单中的"共享库属性"命令，弹出对话框，如图 5-40 所示。

　　在场景中修改元件的实例时，不影响父元件，但是当修改父元件的时候，在场景中所应用的所有子元件也随之修改。但是请注意如果实例已经被分离或者分离之后重新组合，则都不会跟着父元件的改变而改变。当元件的实例被分离之后，选中被分离的对象，它的"属性"面板将不再标识为实例的属性。

　　把元件实例化后，在场景中如果利用"任意变形工具"，对元件的实例进行旋转、倾斜或缩放，并没有使实例从本质上脱离与父元件之间的关联，这时如果修改父元件，实例会随着父元件的改变而改变。

　　修改实例的透明度，不影响父元件。

　　多个元件之间可以互相嵌套，但是元件本身不能嵌套本身，会弹出警告对话框，如图 5-41 所示。

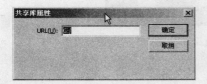

图 5-40 　"共享库属性"对话框

图 5-41 　警告对话框

5.2.3 　管理元件、使用公用库

　　可以合理地把各种元件分类并放在同一个元件文件夹中，这样便于管理。

　　在元件区中，当文件夹中有对象的时候，它的图标是▨，当文件夹中没有对象的时候，它的图标是▨，当打开文件夹的时候，图标是▨。

　　在"库"面板中可以创建、修改、删除、重命名元件文件夹。

　　公用库是 Flash 提供的创建好的内容。它的打开方式是执行"窗口" / "其他面板" / "公用库"命令。它的使用方法也是用鼠标拖动到编辑区中。

　　关于元件的首选参数的设置路径是"编辑" / "首选参数" / "警告选项卡"。

　　当重复导入内容时，弹出如图 5-42 所示的对话框。

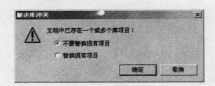

图 5-42 　"解决库冲突"对话框

5.3 上机实训——水中的透明体

1．实验目的

本实验将制作一个水中的透明体，根据元件的上下顺序不一样，制作出一个合理的透明体。

2．实验内容

制作上下顺序分明的上面开口的正方体玻璃容器，也就是只有 5 个面。并且容器中装有水，作出的动画要明确表现出透明的特性，效果如图 5-43 所示。

图 5-43　效果图

3．实验过程

实验分析：首先做出容器的 5 个面，然后做出水的元件，组合成一个立体效果，最后利用填充颜色是位图的方法制作一个正方形，放在最下层。

实验步骤：

（1）新建一个 Flash 文档，新建图形元件。利用"矩形工具"制作一个正方形，然后把它拖到场景中，利用"任意变形工具"制作出正方形的两个面，利用如图 5-44 所示的 3 个面就可以作出正方体，分别设置 6 个面的透明度都是 40%。

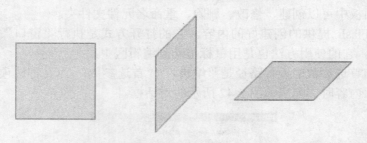

图 5-44　3 个面

（2）制作水元件，得到如图 5-45 所示效果。

（3）组合各个实例，得到如图 5-46 所示的效果。

图 5-45 水元件

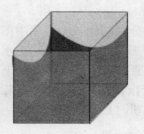

图 5-46 立方体

（4）设置"颜料桶工具"的填充为位图，在编辑区画一个正方形，放在最下层。

> 执行"修改"/"排列"的下级菜单命令可以修改对象的上下位置。

　　实验总结：通过了本次的实验，学员应该能够熟练地对元件进行操作，能够通过更改元件的属性制作特殊的效果。

5.4 本章习题

一、填空题

1. 元件可以分为＿＿＿＿、＿＿＿＿、＿＿＿＿。
2. 请说出一种新建元件的方法＿＿＿＿。
3. "库"面板由＿＿＿＿、＿＿＿＿、＿＿＿＿、＿＿＿＿组成。

二、选择题

1. 影片剪辑元件的图标为（　　）。

A. 　　　　　B. 　　　　　C. 　　　　　D.

2. 按钮类型元件的属性不包括下面哪一项（　　）。
   A. 实例名称 　　　B. 宽和高 　　　　C. 旋转 　　　　D. 颜色
3. 以下描述错误的是（　　）。
   A. 元件是一种组合的对象，当把它分离之后，它就不再是元件的实例了
   B. 亮度跟透明度的效果并不一样
   C. 在"库"面板中可以创建、修改、删除、重命名元件文件夹
   D. 元件是一种分离的对象

三、判断题

1. 实例修改不影响元件。（　　　）
2. 元件修改不影响实例。（　　　）
3. 影片剪辑元件可以嵌入到另一个影片剪辑元件中。（　　　）
4. 库资源可以实现共享。（　　　）

四、操作题

1. 3 种元件分别制作一个。其中图形元件嵌入到影片元件中。

2. 制作一个影片元件，使得它在水平方向上从左移动到右边，然后使得这个影片在场景中做一个垂直方向上从上移动到下边，看一下效果。

3. 制作一个按钮元件，使得当鼠标悬浮在按钮上时显示蓝色，当单击按钮时显示黄色，当单击完按钮时显示红色。

第6章 导入外部资源

学习目的与要求：

音频、视频是一种重要的媒体形式，在动画中添加音频和视频可以使动画更加生动有趣。在 Flash 中可以直接导入已经存在的音频和视频，为动画制作带来了便利。

本章主要内容：

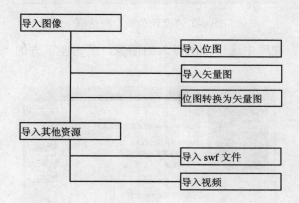

6.1 导入图像

在做动画的过程中，当需要一些外部已存在的图像的时候或者想要利用外部已有的资源来提高动画制作的效率的时候，可以利用导入命令导入图像。

可以导入的图像类型有好多种，比如 BMP 格式、JPEG 格式、GIF 动画等。利用图片处理软件处理好的图片，然后再导入到动画中直接使用是一种常用的方法。

6.1.1 位图

BMP 等是一种位图形式。位图图像在利用"放大工具"或者"任意变形工具"放大图像之后就会失真，如图 6-1 所示。

（a）原图

（b）放大后的一角

图 6-1　位图放大后与原图的比较

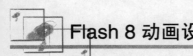

导入位图。执行"文件"/"导入"命令，可以看到 4 个子命令供执行。

● 导入到舞台：即直接导入到编辑区，与此同时导入的图像也会存放到库当中。

在编辑区中选中图像对象，利用"属性"面板修改图像的大小和位置。单击交换按钮弹出对话框，如图 6-2 所示。在对话框中选择另外一个对象来替换原有的对象。

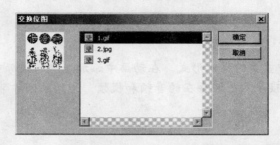

图 6-2 "交换位图"对话框

打开"库"面板，在库中选中刚刚导入的图像，单击左下方的"属性"按钮，弹出对话框，如图 6-3 所示。

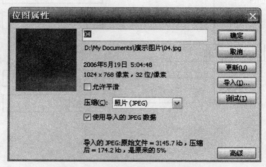

图 6-3 "位图属性"对话框

在"位图属性"对话框中，查看位图的名称、导入前所在的位置、图像的尺寸和大小等。预览区可以预览修改后图像的效果，当图像较大时，可以拖动手形的鼠标，移动画布，看全整个图像。导入后的位图在库中的图标是 ▣ 。

注 意

导入的位图可以用作填充。

示例：导入一个 GIF 格式的文件。
操作步骤：
（1）执行"文件"/"导入"/"导入到舞台"命令，导入图像，如图 6-4 所示。
（2）"库"面板如图 6-5 所示。

注 意

导入后在库中的图标是 ▣，类型是位图。

图 6-4　导入图像

图 6-5　库中的显示

（3）"时间轴"面板和编辑区如图 6-6 所示。

（a）第 1 帧

（b）第 2 帧

（c）第 3 帧

（d）第 4 帧

（d）第 5 帧

图 6-6　时间轴和编辑区

- 导入到库：不在编辑区中显示，只导入到库中。
- 打开外部库：可以把别的动画文件的库打开，方便资源的共享利用。
- 导入视频：可以导入一些扩展名为.flv 或者.mov 的文件。

6.1.2 矢量图

对比矢量图与位图，矢量图不管放大多少清晰度不会发生变化，如图 6-7、图 6-8 所示。

图 6-7　原图

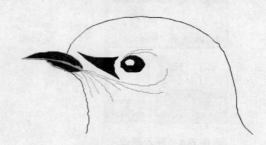

图 6-8　矢量图的放大缩小

导入矢量图的方法同导入位图的方法一样。导入的矢量图可以进行再编辑。当导入矢量图到库中时，它的图标 📷。当执行导入矢量图到舞台命令时，在库中并没有导入的矢量图。

示例： 导入一幅矢量图，编辑它。

操作步骤：

（1）导入矢量图，如图 6-9 所示。

（2）利用"选择工具"选择对象，按【Ctrl+B】键分离对象，如图 6-10 所示。

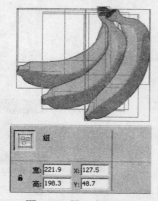

图 6-9　导入矢量图

图 6-10　分离对象

（3）利用"墨水瓶工具"设置对象的笔触颜色为红色，删除填充颜色，如图 6-11 所示。

图 6-11　设置笔触颜色

6.1.3　位图转换为矢量图

在制作动画的时候，矢量图可以被再次利用、修改，这样在有些时候就会受到限制。Flash 提供了一种可以把位图转换为矢量图的命令，例如图 6-12、图 6-13 所示。

图 6-12　位图

图 6-13　转换后的矢量图

选中对象，执行"修改"/"位图"/"转换位图为矢量图"命令，弹出如图 6-14 所示图形。

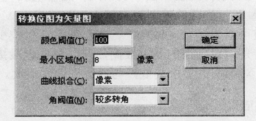

图 6-14　"转换位图为矢量图"对话框

- 颜色阈值：它的值影响着颜色的数量。在转换为矢量图时，颜色分的越细，与原来的位图的差别也就越小。两个像素的颜色不完全相同，这两种颜色的差异用一个值来表示，如果这个值比颜色阈值小，就被认为这两个像素是一个颜色，差异就被忽略不计了，所以颜色阈值越小，画面就会越接近位图，反之画面就会与位图差别越大。它的取值是 0～500，效果如图 6-15 所示。

（a）原图

（b）颜色阈值为 50

（c）颜色阈值为 100

图 6-15　颜色阈值对转换的效果

注意

其他的参数相同。

- 最小区域：值越小，转换后的矢量图与原位图差别越小，相反，值越大，转换后的矢量图与原位图差别越大。它的取值是 0～1000，效果如图 6-16 所示。

（a）原图　　　　　　　　　（b）最小区域 500　　　　　　　　（c）最小区域 10

图 6-16　最小区域对转换的影响

曲线拟合：曲线拟合可以取得的值如图 6-17 所示，随着值从"像素"到"非常平滑"，矢量图与位图的差别越来越大。

- 角阈值：它的取值可以为"较多转角"、"一般"或"较少转角"。"较多转角"对画面的要求较高，与原位图也最接近；"较少转角"对画面的要求较低，与原位图差别最大。

图 6-17　曲线拟合

6.2　导入其他资源

Flash 除了可以导入图像之外，还可以导入 swf 文件、视频等。

6.2.1　导入 swf 文件

动画之间可以互相利用、借鉴。有一些动画不需要知道它的制作细节，只需要它的最终结果，此时，可以使用导入 swf 的方法解决。导入 swf 的方法与导入位图的方法相同，如图 6-18 所示。导入后的时间轴如图 6-19 所示。

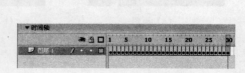

图 6-18　导入 swf 文件　　　　　　　　　图 6-19　导入后的时间轴

6.2.2　导入视频

导入视频的方法与导入 swf 文件的方法相同。Flash 可以导入 avi 视频，首先在场景中选中帧，当执行"导入到舞台"命令之后，出现如图 6-20 所示向导。单击"下一个"按钮，然后出现如图 6-21 所示的对话框。

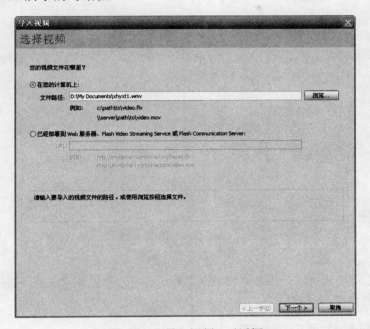

图 6-20　"导入视频"对话框

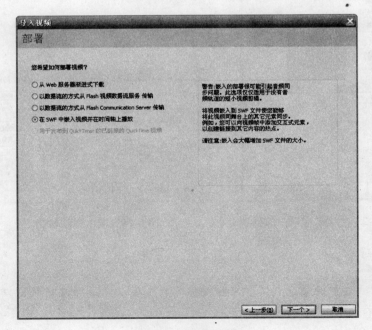

图 6-21　部署视频

当选择"在 SWF 中嵌入视频并在时间轴上播放"单选按钮时出现如图 6-22 所示的对话框。

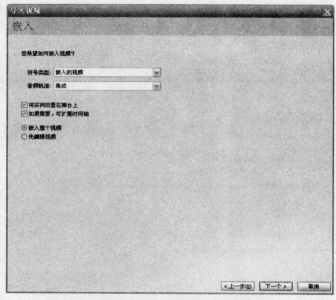

图 6-22　嵌入视频

导入视频之后打开"库"面板，如图 6-23 所示。选中视频单击左下角"属性"按钮，弹出如图 6-24 所示的对话框。

"属性"按钮

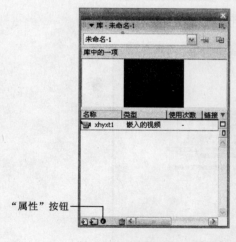

图 6-23　"库"面板中的视频　　　　图 6-24　嵌入视频属性

技 巧

在场景中，选中视频，利用"任意变形工具"可以直接修改视频窗口的大小。

6.3 上机实训——位图的虚化处理

1. 实验目的

本实验将导入一幅位图。将它转换为矢量图之后，做进一步的处理，指导学生充分利用现有的资源。

2. 实验内容

导入一幅图片，进行基本的处理，得到如图 6-25 所示效果。

图 6-25 效果图

3. 实验过程

实验分析：执行"转换为矢量图"命令，把位图转换为矢量图，执行"转换为元件"命令，转换对象为元件，制作特殊效果。

实验步骤：

（1）新建一个 Flash 文档，导入位图到图层 1，如图 6-26 所示。

图 6-26 原图

（2）选中位图，执行"转换位图为矢量图"命令。它的各项参数如图 6-27 所示。

图 6-27 参数

转换后的效果如图 6-28 所示。利用"颜料桶工具"直接在转化了的图上填充花的颜色为黄色。

图 6-28　转换后的矢量图

（3）选中对象，执行"转换为元件"命令，选中元件，在"属性"面板中设置它的属性如图 6-29 所示。

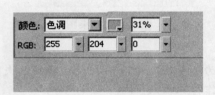

图 6-29　元件属性

注　意

试一下如果是利用分离位图的命令，能不能用"颜料桶工具"直接填充画花的颜色。

实验总结：通过了本次的实验，学员应该能够正确地使用转换为矢量图命令等。

6.4　本章习题

一、填空题

1. 在 Flash 中可以导入＿＿＿＿、＿＿＿＿、＿＿＿＿。
2. 矢量图在放大后，显示质量＿＿＿＿，位图在放大后显示质量＿＿＿＿。
3. 影响位图转换为矢量图的效果的软件的属性，列举几个：＿＿＿＿、＿＿＿＿。

二、选择题

1. 导入位图，不能执行以下哪个命令（　　　）。
　　A．导入到库　　　　　　B．导入到舞台　　　　　C．打开外部库　　　　　D．导入到图层
2. 转换位图为矢量图时"影响着颜色的数量"的是（　　　）。
　　A．颜色阈值　　　　　　B．最小区域　　　　　　C．曲线拟合　　　　　　D．角阈值

3. 以下错误的是（　　　）。

    A．Flash 可以导入 avi 视频

    B．在场景中，选中视频，利用"任意变形工具"可以直接修改视频窗口的大小

    C．"最小区域"的取值范围是 0～500

    D．"曲线拟合"随着值从"像素"到"非常平滑"，矢量图与位图的差别越来越大

三、判断题

1. 导入的矢量图可以进行再编辑。（　　　）

2. 导入的位图不能进行再编辑。（　　　）

3. Flash 不能导入图像类型是 GIF 的图像。（　　　）

四、操作题

1. 制作一个动画文件，并在文件中导入一个视频文件。

2. 制作一个动画文件，并在文件中导入一个 swf 文件。

3. 制作一个动画文件，并在文件中导入一个位图文件作为填充图形。

笔 记 栏

第7章 创建引导层、遮罩层动画

学习目的与要求：

在前面的动画制作中，动画的运动轨迹大部分是沿着规则的直线运动，但是如果要让对象沿着规则的曲线或是沿着利用"铅笔工具"所画的轨迹运动，应该如何做呢？Flash提供了一种特殊的图层，即引导层，来引导对象的运动。遮罩层是另外一种特殊的图层。它可以起到一种遮蔽的效果。

本章主要内容：

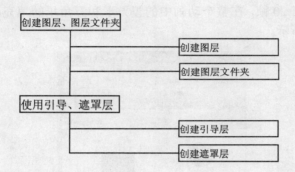

7.1 创建普通图层、图层文件夹

引导层和遮罩层都是一种图层类型，图层的技术是创建引导层、遮罩层动画的基础。利用图层和图层文件夹可以组织并管理动画中的对象，从而使得动画的制作思路更加清晰，控制对象更加得容易，制作出一些复杂的动画。

例如有两个对象同时在做不同的变形运动，一个是由圆形变成正方形，一个是由正方形变成五角星，可以把这两个过程，安排在两个图层中，分别实现；再例如动画和导入的音频可以分别放到两个图层中，使得动画编辑起来更加得方便。

比如上面提到的例子，如果使用一个图层的方法，制作如下。

示例：制作一个动画，实现一个圆形变成正方形和一个正方形变成五角星，并且这两个运动过程同步进行。

操作步骤：

（1）新建一个 Flash 动画。

（2）在图层 1 中选中第 1 帧，利用"工具"面板中的"椭圆工具"在编辑区中画一个圆，设置填充颜色为红色，笔触颜色为黑色；选中图层 1 的第 20 帧，插入关键帧，利用"矩形工具"画一个正方形，然后删除第 1 帧自动复制过来的图形。最终如图 7-1 所示。

图 7-1　制作第一个变形过程

（3）选中图层 1 中的第 1 帧，利用"矩形工具" 在圆形的下方画一个正方形，选中图层 1 的第 20 帧，利用"多角星形工具"在正方形的下方画一个五角星。单击"编辑多个帧"按钮，选择第 1 帧到第 20 帧。在整个动画中的正方形和五角星的填充颜色和笔触颜色跟圆一样。最终如图 7-2 所示。

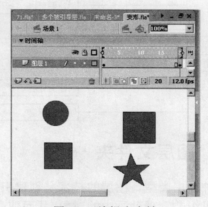

图 7-2　编辑多个帧

（4）打开"对齐"面板，单击"垂直中齐"按钮，对齐两组对象，使得两个变形过程都沿直线运动，如图 7-3 所示。

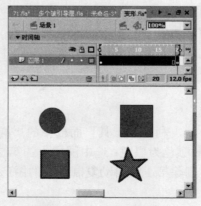

图 7-3　对齐对象

（5）打开"属性"面板设置"补间"类型为"形状"，取消选中"编辑多个帧"按钮，测试动画。变形动画的中间过程如图 7-4 所示。

图 7-4　中间状态

使用图层可以解决上面示例中的问题。下面具体来看图层的知识。

7.1.1　创建普通图层

图层分为 3 种，分别是普通图层、引导层和遮罩层。前面几章中用到的图层都是普通图层。普通图层的图标是 ▢。通过执行"插入" / "时间轴" / "图层"命令添加普通图层。

此外，对图层的操作集中在"时间轴"面板上。在时间轴面板的左边是"图层区"，如图 7-5 所示。

图 7-5　图层区

- "显示/隐藏图层"图标 👁：单击直冲着这个图标的图层中的位置，可以隐藏/显示图层中的所有对象，当直接单击这个图标时可以同时隐藏/显示所有的图层。
- "锁定图层"图标 🔒：单击直冲着这个图标的图层中的位置，可以锁定/解除锁定图层，使得图层中所有的对象都不能编辑，再单击一下就可以解除对所有图层中的对象的锁定。同"显示/隐藏图层"图标一样，如果直接单击这个图标，可以同时锁定/解除锁定所有的图层。

注　意

在图层被锁定的时候，不可以编辑对象，但是可以在时间轴中插入空白关键帧和帧。

- "轮廓"图标 □：它可以显示/不显示对象的轮廓，而不管对象的填充颜色是什么。

当要显示对象轮廓的时候，可以单击每个图层区右侧的实心的正方形图标 ■。轮廓的颜色取决于正方形的填充颜色。例如在编辑区中有一个笔触颜色是无色，填充颜色是蓝色的矩形，如图 7-6 所示。单击轮廓图标，变成如图 7-7 所示的效果。

图 7-6　蓝色矩形　　　　　　　　　　　　　　图 7-7　显示轮廓

- 可编辑图标 ✒：它指示了这个图层处于可编辑状态，如果图层锁定或隐藏都是不可编辑状态，图标显示为 ✒。
- 新建普通图层按钮 ⯆：在选定的图层的上面新建一个普通图层。
- 添加运动引导层按钮 ⦂：在选定的图层的上面新建一个引导层，也可以通过执行"插入"/"时间轴"/"运动引导层"命令来实现。
- 插入图层文件夹按钮 ⯈：在选定的图层的上面新建一个图层文件夹，也可以通过执行"插入"/"时间轴"/"图层文件夹"命令来实现。
- 删除图层/图层文件夹按钮 🗑：选中图层或图层文件夹，拖动到这个按钮上，或者是选中图层/图层文件夹，单击这个按钮。

注　意

可以同时选中多个图层，一起删除。

直接在"图层区"中单击图层就可以选定一个图层，按住【Shift】键可以选定多个图层，按住【Ctrl】键可以选定多个不连续的图层。在图层区双击图层的名称可以更改图层的名称。

技　巧

给图层起的名称应具有一定的标识作用，可以影射出它包含哪些对象或做了什么运动，以方便编辑动画。

双击图层的图标可以更改图层的属性，或者选中图层右击，执行"属性"命令，如图7-8 所示。

图 7-8　"图层属性"对话框

"名称"可以修改图层的名称；"显示"、"锁定"复选框也可以显示/隐藏图层和锁定/解除锁定图层；"类型"可以更改图层的类型，"一般"指的是普通图层；"轮廓颜色"可以修改轮廓的颜色；"图层高度"可以设置图层的高度，取值为 100%、200%、300%。

选中图层右击可以锁定、隐藏其他图层，插入、删除图层等。

图层是有上下顺序的，就像一个图层中的多个对象有上下的顺序一样。如果两个图层中的对象重叠到一起，显示的是处在上面的图层中的对象。

图层的顺序是可以改变的，直接拖动图层到目标位置就可以了。

在图层间可以置换帧。选中要置换的帧，直接拖到目标图层的位置，那么目标图层中的被置换的帧中的内容就没有了。

执行"修改"/"时间轴"/"分散到图层"命令可以把对象分散到多个图层。

例如在编辑区中利用"文本工具"写下"大家好"3 个字，然后执行分离命令分离文字一次。选中分离的文字，执行分散到图层命令，如图 7-9 所示。

（a）分离文本　　　　　　　　　　　　　（b）分散文本到图层

图 7-9　分散到图层

Flash 自动把文字分散到 3 个新的图层当中，图层 1 中已经是空的关键帧，此外 3 个文字的位置没有发生变化。执行这个命令在某些时候可以节省时间，提高效率。

技 巧

如果动画的"补间"类型是"形状"，在变形的过程中又不想让多个对象互相影响各自的变形，可以把多个对象分到各个层中。

新建一个图层，把动画中的背景放在里面，然后拖动到底层，可以作为整个动画的背景。

示例：利用"钢笔工具"等，画一个高音谱号。

操作步骤：

（1）新建一个文档，其中包含一个图层。

（2）利用"直线工具"画一条直线，利用"选择工具"把直线变成曲线，如图 7-10（a）所示。

（3）利用"部分选取工具"选择线段，分别单击线段的起始点和结束点，利用出现的切线，调整线段的曲率，如图 7-10（b）、图 7-10（c）所示。

（4）新建一个图层 2，在图层 2 中顺着在图层 1 中所画得曲线的结束点，利用"直线工具"、"选择工具"、"部分选取工具"继续画线条，得到如图 7-10（c）所示的图形。随着线条的加长，图层的个数也在不断增加，过程如图 7-10 中的（d）～（k）所示。在编辑下一个图层时，要把已经处理好的图层锁定。这样做是为了避免线条之间互相影响、不容易控制的麻烦。

（5）在做完了以上操作之后，再新建一个图层，命名为"综合"。

（6）把所有图层中的线条分别复制，然后在综合图层中执行"编辑" / "粘贴到当前位置"命令。组合成一个完整的图形，把多余的线条删除，如图 7-10（l）所示。

（7）填充颜色后如图 7-10（m）所示。

注 意

结合使用"对齐对象"按钮，便于进行线条的拼接。

图 7-10　制作过程

　　可以首先导入一幅已准备好的高音谱号的图片，单独放到一个新的图层中，作为画的时候的参考。

7.1.2 利用图层文件夹管理图层

　　选中文件夹右击可以插入、删除、展开、折叠文件夹，图层文件夹的折叠图标是 📁展开图标是 📂，也可以通过单击图层区中图层文件夹图标前面的三角形来折叠、展开文件夹。

　　可以把已经存在的图层放到某个图层文件夹里，方法是拖动图层到目标图层文件夹上。也可以把某个图层文件夹里的图层拖出来，方法是选中图层图标前面的空白区，拖动图层到其他的位置，如图 7-11 所示。图层文件夹可以嵌套。

（a）拖到图层文件夹　　　　　　　　　　　　（b）拖出图层文件夹

图 7-11　把图层拖到/拖出图层文件夹

　　例如，当画一只动物的运动动画的时候，需要把动物身体的各个部分单独做成几个图层，这时可以把这几个图层放到一个图层文件夹中，便于管理、编辑。

　　图层文件夹中的图层有顺序，图层文件夹与它外面的图层也有上下顺序。图层与图层之间对象的运动互不影响。

7.2　创建引导层

　　在前面所讲的动画中，对象可以做一些简单的直线运动、变形运动等，如果想让对象沿着某一个曲线，或者是不规则的路径运动，可以使用引导层。

7.2.1　一个引导层一个被引导层

　　引导层的图标是 🔧。双击引导层图标，可以查看图层的属性。如果选中普通图层，右击执行"引导层"命令，原来是普通图层的图标变为引导层的另一种图标 🔨，这种引导层没有被引导层，不是可以实现效果的引导层。

　　创建引导层的方法：选中想要作为被引导层的普通图层，单击添加运动引导层按钮。这时在被选中的图层的上面出现了一个引导层。引导层与被引导层之间有一个缩进，如图 7-12 所示。

图 7-12　引导层

> **注 意**
>
> 引导层的名称后面默认地写了它的被引导层，但如果对图层做了改动之后，引导层名称中的被引导层可能就不准确了。

引导层中包含的是运动轨迹，是被引导层中的对象所做运动的路径。引导层中的路径在发布动画的时候是看不到的。

示例：羽毛沿不规则引导层的制作。

操作步骤：

（1）新建一个 Flash 文档，背景为黑色。新建一个图形元件，背景为黑色，命名为"羽毛"。

（2）利用"工具"面板，制作羽毛元件。设置填充颜色为白色，执行"柔化填充边缘"命令，效果如图 7-13 所示。

（3）选中"刷子工具"，设置填充颜色为黑色，制作如图 7-14 所示的效果。

图 7-13　羽毛雏形

图 7-14　羽毛

（4）把羽毛元件拖到场景中，在图层 1 的第 30 帧插入关键帧，如图 7-15 所示。

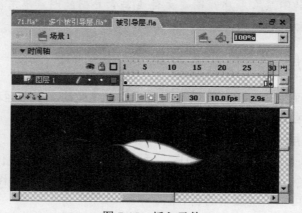

图 7-15　插入元件

（5）选中图层 1，插入引导层，利用"铅笔工具"在引导层中画一条运动轨迹，如图 7-16 所示。

（6）选中图层 1 的第 1 帧，用鼠标拖动羽毛元件，使得羽毛元件的轴心点刚好套到引导线的起始端上，然后选中图层 1 的第 30 帧，同样把羽毛元件的轴心点套到引导线的结束端上。然后设置图层 1 的"补间"为"动画"，如图 7-17 所示。

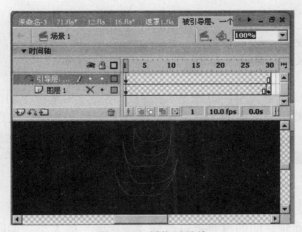

图 7-16 制作引导线

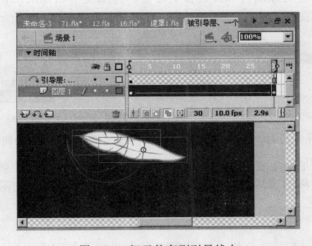

图 7-17 把元件套到引导线上

注 意

引导层中的引导线，必须一笔下来，中间不能有断点。

创建引导层的另一种方法是新建两个普通图层，选中上面的图层右击，执行"引导层"命令，这时图层的图标变为 ✏️，然后拖动第二个图层，拖到引导层上，当引导层的图标变暗 ✏️ 时说明放好了，松开鼠标。这时引导层、被引导层就创建好了，引导层的图标变为 🔗。过程如图 7-18 所示。

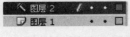（a）执行"引导层"命令

（b）拖动图层

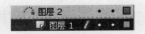（c）变成被引导层

图 7-18 设置引导层的方法

注 意

引导层一定在被引导层的上面。

被引导层可以变成普通图层，方法是选中被引导层，用鼠标拖动，将它移动到引导层的上面。也可以拖动被引导图层的图标，向它的左下方移动一下。过程如图 7-19 所示。

（a）选中被引导图层

（b）拖动被引导图层到左下方

（c）最终效果

图 7-19　被引导层变成普通层

拖动图层区与时间轴之间的滑竿可以改变"图层区"的大小，如图 7-20 所示。

一个已经存在的普通图层可以变为被引导层。方法是单击图层的图标，拖动到引导层的下面，当引导层的图标由亮 变暗 时，松开鼠标，如图 7-21 所示。

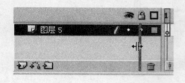

图 7-20　改变"图层区"的大小

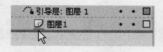
（a）拖动普通图层

（b）变为被引导层

图 7-21　普通图层转换为被引导层

如果想把一个普通图层放到引导层的下面而又不想把它变成一个被引导层，可以单击普通图层图标，然后拖动到被引导层图标的左下方的空白区即可，如图 7-22 所示。

技 巧

在拖动图层时，有一条短线，如图 7-22（b）线框圈起区域所示，这条短线如果在被引导图层图标的左边，如图 7-22（c）所示，则不会变成引导层的被引导层，如果这条短线是在被引导图层图标的正下面，则会变成引导层的被引导层。

（a）选中普通图层

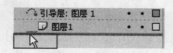
（b）拖动普通图层

（c）最终效果

图 7-22　图层的移动

7.2.2　一个引导层多个被引导层

有多个图层均被引导的情况，如图 7-23 所示。图层 1 和图层 2 与引导层都有一个缩进。

创建多个被引导层的方法是选中被引导图层，单击新建普通图层按钮，这时就添加好了第二个被引导层。

另外，可以新建一个普通图层。把这个普通图层变为被引导层，如图 7-21 所示。

示例： 多个羽毛随同一个引导线运动（羽毛元件用上面已经做好的元件）。

操作步骤：

（1）新建一个 Flash 文档。首先建好图层，如图 7-24 所示。

图 7-23   多个被引导层

图 7-24   图层区

（2）在引导层中，利用"铅笔工具"画一条引导线，在第 30 帧插入帧。选中图层 3，插入羽毛元件，在图层 3 的第 25 帧处，插入关键帧。选中图层 1，在图层 1 的第 6 帧，插入关键帧，然后在第 6 帧插入羽毛元件，在图层 1 的第 30 帧插入关键帧，并插入羽毛元件，如图 7-25 所示。

注 意

图层 3 和图层 1 错开的目的是，使得两个被引导层中的对象能够一前一后地运动。

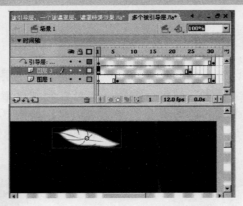

图 7-25   插入元件

（3）在图层 3 和图层 1 中，选中关键帧，分别把元件套到引导层上，如图 7-26 所示。

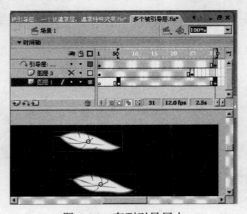

图 7-26   套到引导层上

（4）设置图层 1 和图层 3 的"补间"为"动画"，如图 7-27 所示。

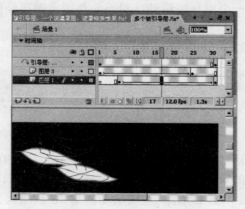

图 7-27 设置"补间"

7.3 创建遮罩层

遮罩层动画是由遮罩层和被遮罩层层组成的。遮罩层即可以是"形状"类型也可以是"动画"类型的动画。

遮罩层动画是先创建好普通图层，然后再转变成遮罩层。

遮罩层的图标是 [图]，被遮罩层的图标是 [图]。

新建两个普通图层，选中上面的想要作为遮罩层的普通图层右击，执行"遮罩层"命令，这时两个图层都会自动锁定，同时在编辑区中可以看到遮罩的效果。即只能看到遮罩层中的对象的填充区域。不管对象的填充色是什么颜色，如图 7-28 和图 7-29 所示，甚至是位图，如图 7-30 所示，它的最终的效果都是一样的，如图 7-31 所示。

图 7-28 填充色是白色

图 7-29 填充色是黑色

图 7-30 填充是位图

图 7-31 最终效果

注 意

> 遮罩层在上，被遮罩层在下。

7.3.1　一个遮罩层一个被遮罩层

下面通过具体的示例，熟悉制作遮罩层的步骤。

示例： 制作一个遮罩动画，被遮罩层做一个旋转的运动，遮罩层不动。

操作步骤：

（1）新建一个 Flash 文档，把第 3 章做好的图形，做一下改动，得到如图 7-32 所示的完全分离的图形，利用图 7-32 最外层的线条，把导入的图片分离后截成跟它一样大小的分离的图，如图 7-33 所示。

图 7-32　改动后的对象

图 7-33　制作被遮罩层中的对象

（2）把截好的图转换成元件，如图 7-34 所示。

图 7-34　被遮罩层

（3）制作两个图层，在图层 1 中放入图 7-32 所示的元件，在图层 2 中放入图 7-34 所示的元件。在图层 2 的第 20 帧插入关键帧，图层 1 中的第 20 帧插入帧。设置图层 2 的"补间"为"动画"，顺时针旋转，如图 7-35 所示。

图 7-35　设置"补间"

（4）选中图层 1 右击，执行"遮罩层"命令，如图 7-36 所示。

图 7-36　最终效果

7.3.2　一个遮罩层两个被遮罩层

一个遮罩层可以遮罩多个图层。

示例：制作一个遮罩层和两个被遮罩层的动画。

操作步骤：

（1）新建一个 Flash 动画，利用"工具"面板制作一个如图 7-32 所示的分散图形，把它组合成一个对象。

（2）新建两个图层。在图层 1 中使得如图 7-37 所示的图形做一个旋转运动。

图 7-37 遮罩层

（3）在图层 2 和图层 3 中分别导入一幅图片，如图 7-38 所示。

图 7-38 两个被遮罩层

（4）设置图层 1 为遮罩层，图层 2 和图层 3 为被遮罩层，如图 7-39 所示。

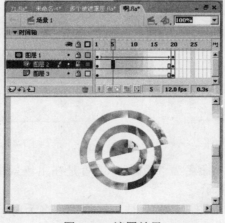

图 7-39 遮罩效果

7.4 上机实训

7.4.1 百发百中

1. 实验目的

本实验通过制作射箭动作的动画，使学员理解图层的意义，让学员初步理解引导层的使用方法。

2. 实验内容

利用引导层制作射箭的效果。

3. 实验过程

实验分析： 箭靶在整个动画过程中是不动的，而且没有发生任何变化，所以把它放在一个单独的图层中。箭本身做了一个呈弧形的运动，所以引导层是一个弧形的曲线，被引导层中的对象是箭，箭在引导层中做了一个运动。弓分成两个部分来理解，弓的前部分，即没有做任何运动的那部分，做成一个元件，单独放在一个图层中，弓的后部分，即当射出箭时需要做左右运动的那部分，单独放在一个图层中，不需要做成元件。

实验步骤：

（1）新建一个 Flash 文档，新建一个图形元件，命名为"弓前"。进入元件的编辑状态。利用"工具"面板制作如图 7-40 所示的图形。

（2）新建一个图形元件，命名为"箭"，如图 7-41 所示。

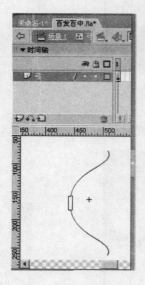

图 7-40 弓前元件

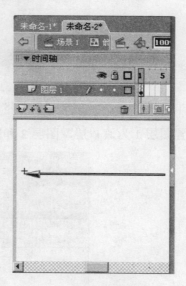

图 7-41 箭元件

（3）新建一个图形元件，命名为"箭靶"，或者是在主场景中建好图形之后，再转换成元件，如图 7-42 和图 7-43 所示。

（4）在主场景中新建 4 个图层，从上往下，依次命名为弓、弓后、弓前、靶。然后在弓、弓前、靶图层中分别插入弓、弓前、箭靶元件。

图 7-42 箭靶轮廓

图 7-43 箭靶元件

（5）选中弓后图层，利用"工具"面板画一条弧线，如图 7-44 所示的图形。

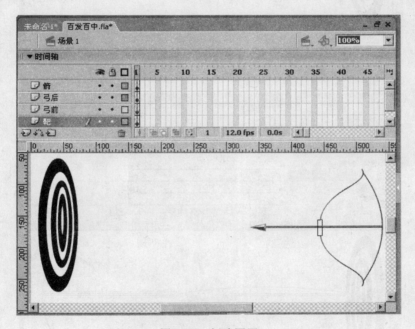

图 7-44 新建图层

（6）分别在箭图层、弓后图层中的第 30 帧处插入关键帧。因为这两个图层中的对象都做运动，需要使用关键帧确定对象的起始和结束状态。分别在弓前图层和靶图层的第 30 帧处插入帧。

（7）选中箭图层，单击填加运动引导层按钮，使得箭图层变为被引导层。在引导层中画一条引导线，如图 7-45 所示。

（8）把箭元件套到引导层上，如图 7-46 所示。

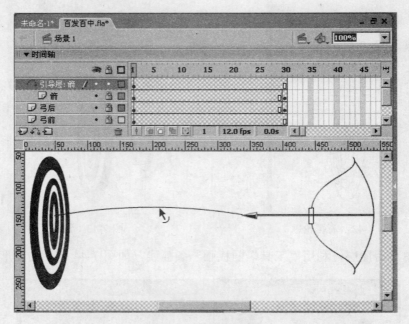

图 7-45　画引导线

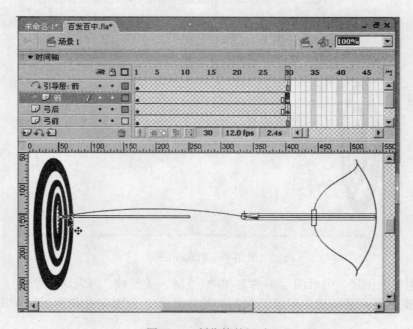

图 7-46　制作箭的运动

（9）设置箭图层的"补间"为"动画"。在弓后图层中，插入关键帧，移动对象的位置，如图 7-47、图 7-48、图 7-49 所示。

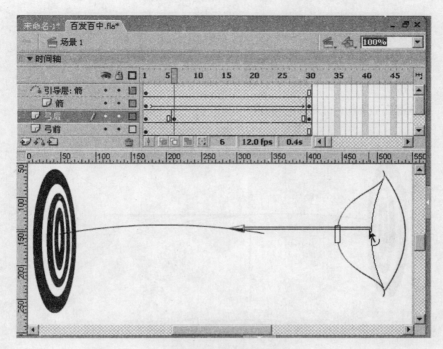

图 7-47　弹出状态 1

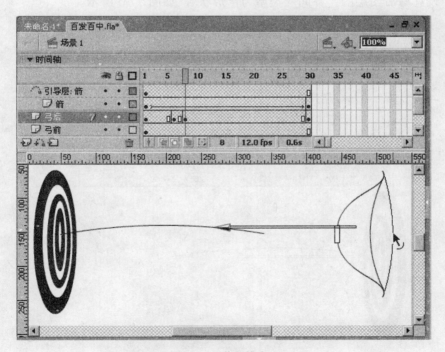

图 7-48　弹出状态 2

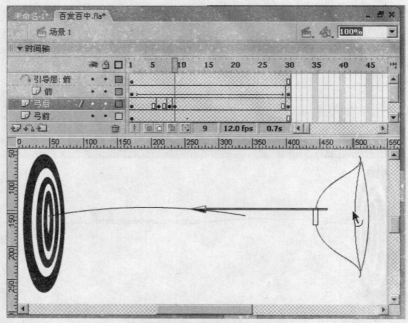

图 7-49　弹出状态 3

（10）设置弓后图层的"补间"类型为"形状"，如图 7-50 所示。

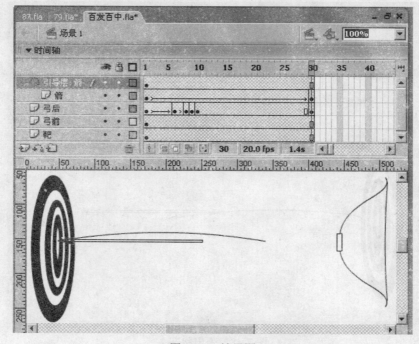

图 7-50　效果图

实验总结：通过了本次的实验，学员应该能够结合以前讲过的知识，应用引导层制作出一些动感、效果较好的动画。

7.4.2 利用引导层、遮罩层实现擦写的效果

1．实验目的

本实验通过制作一个引导层、一个遮罩层的综合动画，让学员熟练使用各种图层制作特殊的动画效果。

2．实验内容

利用引导层、遮罩层实现擦写的效果，效果如图 7-51 所示。

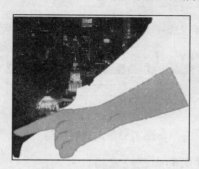

图 7-51　效果图

3．实验过程

实验分析： 利用引导层引导手部的运动，利用遮罩层遮罩风景。整个动画需要 4 个图层，分别是遮罩层、被遮罩层、引导层、被引导层。

实验步骤：

（1）新建一个 Flash 文档，导入风景图到图层 1 中，重命名图层 1 为"风景"，在第 25 帧处插入帧；新建 3 个图层，从上到下依次命名为"引导层"、"手"、"遮罩层"。

（2）先画引导层。首先锁定其他 3 个图层，利用"铅笔工具"在编辑区上画一条不规则曲线，在第 25 帧插入帧，效果如图 7-52 所示。

图 7-52　画引导线

（3）制作被引导层。选中手图层解锁，导入手的图片或者自己画，把导入的图片转换为元件，在图层的第 25 帧处插入关键帧，利用"任意变形工具"把元件的轴心点移动到指尖，然后打开"属性"面板，设置动画的"补间"类型为"动画"。

（4）选中手图层的第 1 帧，把手元件的轴心点套到引导线的一头；选中手图层的第 25 帧，把手元件的轴心点套到引导线的另一头。选中引导层右击，执行"引导层"命令，然后用鼠标拖动手图层，如图 7-53 所示，把手图层变成引导层的被引导层。

图 7-53　制作引导层

（5）测试影片，确定引导层动画已经成功。

（6）锁定引导层和手图层，解锁遮罩层。选中遮罩层的第 1 帧，在如图 7-54 所示的位置，利用"画笔工具"画出图中所示的图形，盖住手指指到的位置。

图 7-54　遮罩层的第 1 帧

（7）选中遮罩层的第 2 帧，插入关键帧，选中第 2 帧，根据手指指尖所在的位置，同样利用"画笔工具"盖到手指指尖所在的位置，如图 7-55 所示。依此类推，得到如图 7-56 所示的效果。

（8）选中遮罩层右击，执行"遮罩层"命令。

图 7-55　遮罩层的第 2 帧

图 7-56　遮罩层的画法

引导层和遮罩层的综合利用还体现在元件的使用上。

示例： 引导层和遮罩层的综合利用。

操作步骤：

（1）新建一个 Flash 文档，执行"插入"/"新建元件"命令，在弹出的对话框中选择"影片剪辑"。

（2）制作如图 7-57 所示的影片剪辑元件。遮罩层是两个星形的图形，被遮罩层是一幅图片。两个星形不断在作旋转运动。

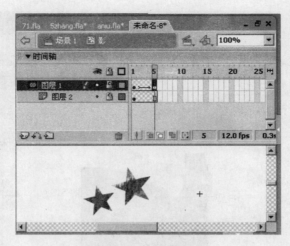

图 7-57 影片元件

（3）切换到场景，把影片剪辑元件拖到图层 1 中，在第 20 帧，插入关键帧。

（4）选中图层 1，添加一个引导层，在引导层中画一条弧线，把图层 1 中的第 1 帧和第 20 帧的影片剪辑套上去。设置图层 1 "补间" 为 "动画"，如图 7-58 所示。

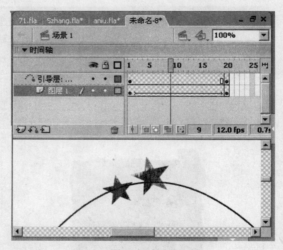

图 7-58 场景

（5）测试动画，可以看到影片剪辑元件一边在不停地旋转，一边在沿着引导线运动。

实验总结：通过了本次的实验，学员应该能够灵活地应用引导层和遮罩层制作出特殊的效果。注意遮罩层中的对象的填充颜色也可以是其他的颜色，例如红色、黑色等。

7.5　本章习题

一、填空题

1. _____和_____都是一种图层类型。

2. 遮罩层动画是由_____和_____组成的。

3. ![icon]是_____的图标。

二、选择题

1. 图层中 ▣ 的意思是（　　　）。
   A．显示/隐藏图层　　　　　　　　B．锁定图层
   C．添加普通图层　　　　　　　　D．显示/隐藏对象轮廓

2. ▦ 的作用是（　　　）。
   A．引导层　　　　　　　　　　　B．遮罩层
   C．被遮罩层　　　　　　　　　　D．创建普通图层

3. 以下哪项是错误的（　　　）。
   A．遮罩层即可以是"形状"类型，也可以是"动画"类型的动画
   B．遮罩层动画可以是一个遮罩层和一个被遮罩层，也可以是一个遮罩层和两个被遮罩层
   C．引导层中的引导线可以是任意的线条
   D．图层与图层之间的对象是互相影响的

三、判断题

1. 遮罩层中对象的填充属性对遮罩的效果没有影响。（　　　）
2. 图层文件夹是有顺序的。（　　　）
3. 遮罩层在动画中是不能运动的。（　　　）

四、操作题

1. 利用"铅笔工具"等制作引导层动画。
2. 制作一个动画，使得动画中含有一个遮罩层，实现探照灯的效果。
3. 制作一个动画，使得动画中含有一个引导层，让文字随着引导线的轨迹运行。

笔 记 栏

第8章　添加声音

学习目的与要求：

声音使得动画更加惟妙惟肖，生动感人。可以给动画添加各种各样的声音，比如风声、雷电、音乐、机器声、说话声等，适当地添加声音可以提高动画的观赏性。添加声音可以通过"库"面板来实现，还可以在"库"面板中编辑音乐等。

本章主要内容：

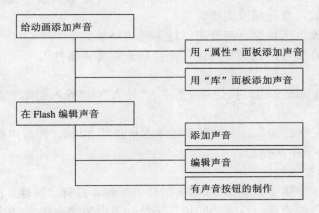

8.1　给动画添加声音

声音文件可以只占用一个关键帧，可以在一个补间中添加，也可以在一个单独的图层中添加。为了控制好声音，通常把声音作为单独的一层。

声音需要从外部导入。导入声音与导入其他文件方法一致。执行"文件"/"导入"/"导入到库"或"打开外部库"命令进行共享。

"打开外部库"命令可以共享其他文件的声音文件。共享的方法参照第 5 章。

注 意

不能在一个文件中，编辑属于另一个文件库中的资源，但是当共享到自己的库中的时候，在自己的库中就可以编辑了。

添加声音的方法有两种。利用"属性"面板添加，利用"库"面板添加。

8.1.1　利用属性面板添加声音

导入声音文件之后，在"属性"面板"声音"下拉列表框中的下拉菜单中就会自动出现已经导入的声音文件。打开"属性"面板，选中关键帧，如图 8-1 所示，在"声音"下拉列表框中选择已经导入的声音文件即可。

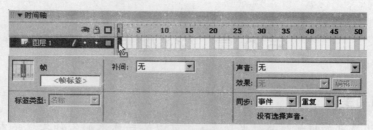

图 8-1　利用"属性"面板添加声音

"同步"下拉列表框可以设置声音文件在动画中的播放方式。它的取值可以是"事件"、"数据流"、"开始"、"停止"。

当选择"事件"选项时，声音完全下载完毕之后才能够播放，且声音文件即使只占一帧，也可以继续播放，直到播放完毕。

当选择"数据流"选项时，声音可以边下载边播放。

示例： 导入声音文件，设置"同步"下拉列表框为"事件"。

操作步骤：

（1）新建一个 Flash 文档，执行"文件"/"导入"/"导入到库"命令，导入一个声音文件。

（2）查看声音文件的帧数。这个声音文件本身总共 29 帧，判断声音文件帧数的方法可参照本章第 8.1.2 小节中的技巧。

（3）在第 30 帧插入帧。

（4）选中图层 1 中第 1 帧到第 30 帧中的任何一帧，打开"属性"面板，在"声音"下拉列表框中选择导入的声音，设置"同步"下拉列表框为"事件"，如图 8-2 所示。

图 8-2　插入帧

（5）测试动画，声音文件可以完整地播放完毕。

（6）删除第 2 帧到第 30 帧，如图 8-3 所示。声音文件照样可以完整地播放完毕。

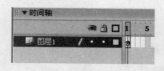

图 8-3　删除帧

示例： 给动画添加声音。

操作步骤：

（1）新建一个 Flash 文档。

（2）在图层 1 中，制作一个变形动画，总共 30 帧。

（3）选中发生变形动画的图层，在第 5 帧处插入关键帧，执行"窗口"/"动作"命令，打开"动作"面板,在"动作"面板中添加一条语句,如图 8-4 线框圈起区域所示。它的作用是在动画播放到第 5 帧时停止,在后面章节中会介绍。

(4)新建一个图层 2,在图层 2 中导入声音,如图 8-4 所示。打开"属性"面板,设置"同步"下拉列表框为"事件"。

图 8-4 导入声音

(5)测试动画。动画的播放停止在第 5 帧,但是声音却一直播放完毕。

(6)设置"声音"下拉列表为"数据流",测试动画,声音播放到第 5 帧停止。

注 意

声音文件所在的图层可以在动画图层的上面或下面。一个动画中可以设置多个声音文件。

8.1.2 利用库面板添加声音

声音文件在库中的显示图标是 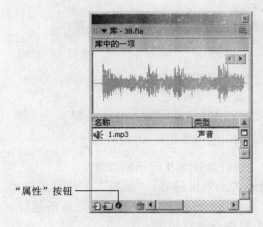 。打开"库"面板,如图 8-5 所示,选中关键帧或者选中某一个补间,单击"库"面板中的声音文件,用鼠标拖动到编辑区中的任何一个位置即可。

"属性"按钮

图 8-5 导入声音文件到库

Flash 8 动画设计教程与上机实训

在"库"面板中选中声音文件，单击"属性"按钮，弹出如图 8-6 所示对话框。

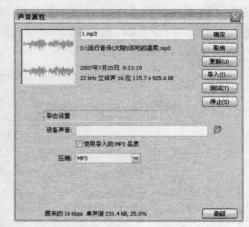

图 8-6 声音文件的属性

在这个"声音属性"对话框中，可以查看、修改声音的名称，查看修改时间，查看声音的属性以及对声音进行压缩等。

"压缩"下拉列表框可以选择的选项，如图 8-7 所示。

- ADPCM：进行 8 位或者 16 位声音数据的压缩设置，如图 8-8 所示。

"采样率"控制了声音的保真程度和声音文件的大小。低采样率减小文件的大小，但是降低声音的品质。

图 8-7 "压缩"下拉列表框的选项

图 8-8 "压缩"选择 ADPCM 选项

- MP3：选择 MP3 选项时，进行如图 8-9 所示的设置。

"比特率"下拉列表框的值越大，效果越好。"品质"下拉列表框可以设置声音压缩的速度，从"快速"到"最佳"，随着压缩速度的减慢，声音的品质越好。

- 原始：在导出声音时，不对声音进行压缩。
- 语音：这种方式适合语音的压缩。

在"库"面板中选中声音文件右击，执行"编辑方式"命令可以修改声音文件的编辑方式。

图 8-9 "压缩"选择 MP3 选项

注 意

在 Flash 中并不是所有的声音都能无条件地导入到动画中。通常在 Flash 中多半导入 avi 文件。Flash 还可以导入 mp3、wav 等类型的声音。

8.2 在 Flash 中编辑声音

有些声音在添加到动画中后，可能并不是想要的那部分声音，这时就可以利用 Flash Professional 8 提供的编辑功能编辑声音。

8.2.1 编辑声音

在 Flash 中提供了对声音进行简单编辑的方法。导入声音文件，添加到场景中，如图 8-10 所示。

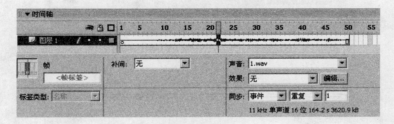

图 8-10 添加声音

在"属性"面板中单击编辑按钮，弹出如图 8-11 所示对话框。

音量控制块可以控制音量的大小。鼠标向上下拖动控制块可以提高、降低声道的音量，如图 8-12 所示。每个声道有单独的控制块。

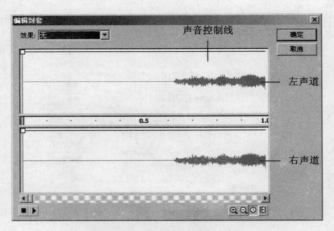

图 8-11 "编辑封套"对话框

图 8-12 控制音量

　　添加控制块：控制块最多可以添加到 8 个。用鼠标在声音控制线上直接单击一下就可以添加一个控制块。删除控制块时，用鼠标拖动控制块到编辑封套之外，就可以删除一个控制块，如图 8-13 所示。

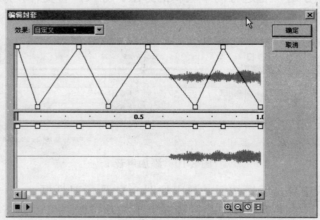

图 8-13 添加控制块

删除声音的一部分：利用 Flash 可以方便地进行声音的删除，但并不是真正把库中的声音删除一部分。在左右声道的中间有一个控制杆，如图 8-14 线框圈起区域所示，用鼠标向右拖动控制杆可以不播放阴影部分所示的声音。同样在声音文件的最后，也有一个控制杆可以从后往前删除声音。

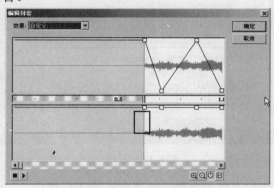

图 8-14 删除部分声音

在左右声道的中间，有一些刻度，当单击对话框右下角的秒按钮 的时候，刻度代表的是秒，当单击对话框右下角的帧按钮 的时候，刻度代表的就是帧。在对话框中还有播放声音按钮、停止声音按钮，用来直接试听声音的效果；放大、缩小按钮可以调节刻度的值。

技 巧

如何判断声音文件总共多少帧呢？可以在编辑封套对话框中，单击帧按钮，查看它的最后一帧。

"效果"下拉列表框是 Flash 提供的一些特效，如图 8-15 所示。

示例：每种声音效果的声音控制线。

操作步骤：

（1）新建一个 Flash 文档，导入声音文件，选中第 1 帧，打开"属性"面板，添加声音。

（2）单击"属性"面板上的编辑按钮，在"效果"下拉列表框中选择"左声道"选项，如图 8-16 所示。

图 8-15 "效果"下拉列表框

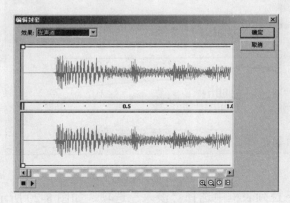

图 8-16 左声道

（3）在"效果"下拉列表框中选择"右声道"选项，如图 8-17 所示。

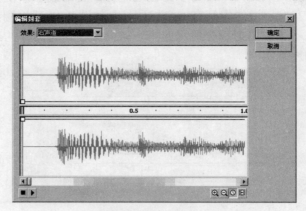

图 8-17　右声道

（4）在"效果"下拉列表框中选择"从左到右淡出"选项，如图 8-18 所示。

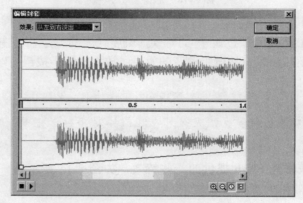

图 8-18　从左到右淡出

（5）在"效果"下拉列表框中选择"从右到左淡出"选项，如图 8-19 所示。

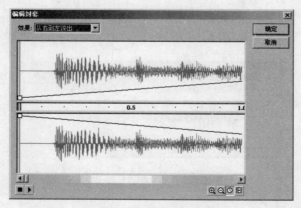

图 8-19　从右到左淡出

（6）在"效果"下拉列表框中选择"淡入"选项，如图 8-20 所示。

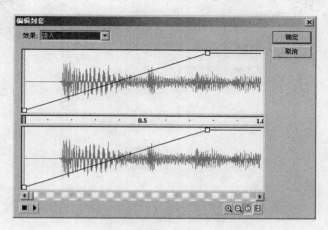

图 8-20　淡入

（7）在"效果"下拉列表框中选择"淡出"选项，如图 8-21 所示。

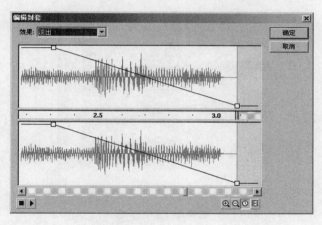

图 8-21　淡出

8.2.2　有声按钮的制作

声音可以添加到场景中，也可以添加到元件中。在影片元件和按钮元件中比较常见。

示例： 在按钮元件中添加声音。

操作步骤：

（1）新建一个 Flash 文档。

（2）新建一个影片剪辑元件，命名为"指针经过"。建立 3 个图层，分别命名为"填充"、"文本"、"方框"。在方框图层中画一个正方形，使得填充颜色和笔触颜色不相同，剪切填充颜色，粘贴到填充图层的当前位置，在文本图层中输入文本"hi"。

（3）选中填充图层的第 15 帧，插入关键帧，然后移动填充到方框的外面。选中第 16 帧插入空白关键帧。

（4）选中文本图层的第 16 帧，插入帧。

（5）选中方框图层的第 16 帧，插入帧，如图 8-22 所示。

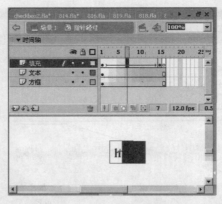

图 8-22　指针经过元件

（6）新建一个影片剪辑元件，命名为"按下"。把"指针经过"元件所有图层中的帧复制过来并翻转帧。即选中所有帧右击，执行"翻转帧"命令，如图 8-23 所示。

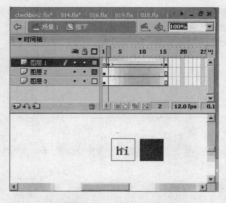

图 8-23　按下元件

（7）新建一个按钮元件，命名为"声音"按钮，如图 8-24 所示。

（8）导入声音文件 S. wav、S1.wav。

（9）新建一个图层，两个图层分别命名为"声音"和"按钮"。

图 8-24　"声音"按钮

（10）选中"按钮"图层中的弹起关键帧，制作一个如图 8-22 中的正方形。

（11）选中"按钮"图层中的指针经过关键帧，把指针经过元件拖到编辑区中并与弹起关键帧的图形在同一个位置。

（12）选中"按钮"图层中的按下关键帧，把按下元件拖到编辑区中并与弹起关键帧的图形在同一个位置。

（13）选中"声音"图层中的指针经过关键帧，通过"属性"面板添加声音 S. wav。

（14）选中"声音"图层中的按下关键帧，通过"属性"面板添加声音 S1. wav。

注 意

通常给一般的按钮添加声音，使用的都是比较短的事件声音。

8.3 上机实训——摇摆的铃

1．实验目的

本实验结合引导层的使用、元件的制作等基础知识，制作一个使用数据流式声音的铃铛。

2．实验内容

加上铃铛本身，总共制作 3 个元件，分别是图形元件铃铛的外壳，铃铛里的铃，以及由它们组成的影片元件铃铛。

3．实验过程

实验分析： 导入声音到库，设置铃声为数据流式声音。

实验步骤：

（1）新建一个文档，导入铃声和风声到库。

（2）新建一个图形元件，命名为"外壳"，如图 8-25 所示。

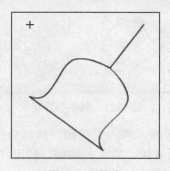

图 8-25　外壳

注 意

外壳的填充颜色为白色，而不是无色。

（3）新建一个图形元件，命名为"铃"。如 ↙ 所示。元件铃的主要作用是当外壳在摇动的时候，它也在不停的运动，与外壳碰出清脆悦耳的声音。

（4）新建一个影片文件，命名为"铃铛"。

（5）在图层 1 中，应用外壳元件，制作一个沿轴心点运动的动画，如图 8-26 所示。

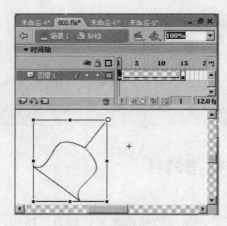

图 8-26　外壳的运动

（6）锁定图层 1，再新建引导层。根据外壳的运动，利用"直线工具"等制作出引导层，如图 8-27 所示。

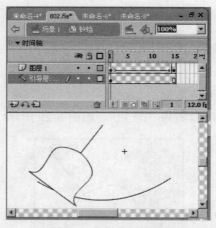

图 8-27　制作引导层

（7）新建图层 3，选中第 15 帧，插入关键帧。然后分别在第 1、15 帧应用铃元件，并把元件套到引导层上去。选中第 8 帧，插入关键帧，利用"工具"面板调整铃元件的大小，使得它与外壳元件紧密结合，如图 8-28 所示。

注　意

图层 1 不能放在图层 3 的下面。

（8）新建图层 4，在第 15 帧处，插入帧，选中帧，设置声音为铃声 1.wav，在"属性"

面板中设置"声音"为"数据流"。

图 8-28　创建被引导层

（9）切换到场景中，在图层 1 中，放入铃铛影片剪辑，新建一个图层 2，选中帧，设置声音为风声 2.wav，在"同步"下拉列表框中设置声音为"事件"，并且设置"循环"播放。

实验总结：通过了本次的实验，使学员能够在动画中正确地添加声音。

8.4　本章习题

一、填空题

1. 动画中的声音主要分为_____。

2. 在 Flash 中声音的控制块最多可以添加到_____个。

3. 添加声音的方法有_____、_____。

二、选择题

1. 以下哪项不是"效果"下拉列表框提供的一些特效（　　）。

　A．左声道　　　　　　B．右声道　　　　　C．从右到左淡出　　　D．淡入淡出

2. 以下错误的是（　　）。

　A．声音可以添加到场景中，也可以添加到元件中

　B．音量控制块可以控制音量的大小，鼠标向上下拖动控制块可以提高、降低声道的音量

　C．利用 Flash 可以方便地进行声音的删除

　D．ADPCM 进行 8 位或者 32 位声音数据的压缩设置

三、判断题

1. 可以在 Flash 中对将要使用的声音文件进行简单的编辑。（　　）

2. 在 Flash 中不管当前系统的环境如何，可以导入任意类型的声音文件。（　　）

四、操作题

1. 使用遮罩层、引导层等制作一个声音与动画同步的 Flash 短片。

2. 在动画中的按钮元件中导入声音文件，设置声音为数据流。

笔 记 栏

第 9 章　利用编程制作高级动画

学习目的与要求：

ActionScript 是一种面向对象的脚本编程语言。既然称之为语言，它就有自己的语法等。利用它可以动态的控制影片、按钮、场景等，例如根据对象属性值的不同，进行不同的操作。

由于篇幅有限，本章只做简单的介绍，使读者了解"动作"面板在 Flash 中的应用。

本章主要内容：

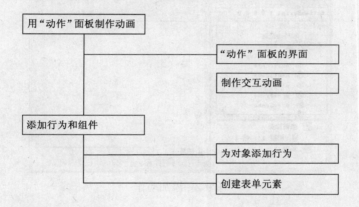

9.1　利用动作面板制作动画

利用"动作"面板可以动态地控制影片、按钮元件等，可以编写一些复杂的动画，实现人机交互。

9.1.1　动作面板的界面

"动作"面板的打开方式是"窗口"/"动作"。"动作"面板如图 9-1 所示。

输入栏用来显示和输入代码。在动作栏中有各种不同类型的动作，这些动作是制作高级动画的关键。添加动作时用鼠标单击需要的部分，然后拖动到输入栏中，如图 9-2 所示。也可以双击需要的动作。此外，不使用动作栏，直接在输入栏中输入程序也可以。

在操作栏中可以看到当前选中的是哪个图层的哪一帧，还可以查看当前的动画中有哪些动作，如果想要修改动画中的动作的时候，在操作栏中单击对应的动作，然后在输入栏中修改即可。

在"动作"面板的右上角有"添加"按钮、"替换"按钮、"插入目标路径"按钮、"语法检查"按钮、"自动套用格式"按钮、"显示代码提示"按钮、"调试"按钮、"视图"按钮等。

图 9-1 "动作"面板

图 9-2 添加动作

- "添加"按钮：为对象添加动作，具有和动作栏同样的作用。
- "替换"按钮：修改程序代码。便于用户修改行数比较多的程序。
- "插入目标路径"按钮：选择操作的对象。只能显示影片元件和按钮元件的实例。当选中添加动作的对象之后，可以单击"插入目标路径"按钮选择操作的对象。选中之后单击"确定"按钮，在输入栏中就输入了操作对象的路径，如图 9-3 所示。如果还没有给实例起一个名称，会弹出对话框如图 9-4 所示，要求给实例重命名。
- "语法检查"按钮：检查程序代码中是否有语法错误，特别是对初学者较有用。

图 9-3 "插入目标路径"对话框

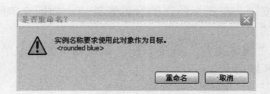

图 9-4　重命名

- "自动套用格式"按钮：对于没有语法错误的代码，可以套用 Flash 给出的格式，如图 9-5 所示。

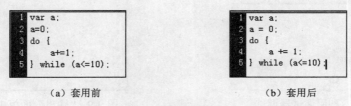

（a）套用前　　　　　　　　　　（b）套用后

图 9-5　自动套用格式

- "显示代码提示"按钮：如果不明白如何添加参数，可以单击"显示代码提示"按钮，如图 9-6 所示。

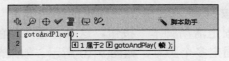

图 9-6　显示代码提示

- "调试"按钮：可以设置断点或删除断点。使用它可以调试程序，验证程序是否是可行的。

注 意

Trace()是指在输出面板中输出信息。在这里 trace(a)是指输出变量 a 的值。

示例：调试如图 9-7 所示的程序。

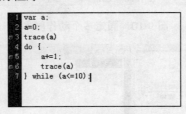

图 9-7　设置断点

操作步骤：

（1）新建一个 Flash 文档，选中图层 1 的第 1 帧，打开"动作"面板，在输入栏输入如图 9-7 所示的代码。var 定义了一个变量。

（2）单击"调试"按钮，在光标所在的行设置断点，如图 9-7 所示。设置了断点的行，在行号前面有一个红色的实心圆。

（3）执行"控制"/"调试影片"命令。在"调试器"面板中单击"继续"按钮开始调试，如图 9-8 线框圈起区域所示。

（4）不断地单击"继续"按钮，直到程序结束。

（5）当调试完程序之后，"输出"面板如图 9-9 所示。

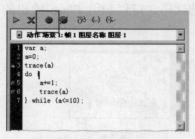

图 9-8　利用调试器调试

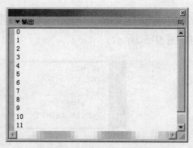

图 9-9　"输出"面板中的内容

- "视图"按钮：可以设置是否显示代码的行号和是否自动换行。

可以选中帧之后，给帧添加动作；可以给按钮实例添加动作；可以给影片元件添加动作。复杂的高级动画可能多处都有动作，为了使得各个动作的编辑更加方便，Flash 还提供了一个"固定活动脚本"按钮 和"关闭已固定的活动脚本"按钮 。在操作栏中选中某处的动作脚本，单击"固定活动脚本"按钮，这时在输入栏的下方出现了一个对应这个脚本的切换选项卡，可以固定多个脚本，如图 9-10 所示。如果想要解除已固定的脚本，在输入栏的下方选中对应脚本的切换选项卡，然后单击"关闭已固定的活动脚本"按钮，如图 9-11 所示。

图 9-10　固定多个动作脚本

图 9-11　关闭已固定的活动脚本

当给帧添加动作时，首先在场景中选择一个关键帧，然后打开"动作"面板，添加动作。当添加完动作之后，在时间轴的关键帧中就出现了一个标志，如图 9-12 所示的第 1 帧。

图 9-12　添加动作的标志

9.1.2　利用动作面板制作交互动画

下面通过示例简单地了解"动作"面板。在输入代码的时候可以利用"动作"面板中的动作栏，如图 9-13 所示。

图 9-13　动作栏

按钮、影片元件在"动作"面板中的使用比较频繁。它们是发生动作的主要对象，此外还有帧，也是一种常见的添加动作的对象。

在前面的章节中提到文本的"动态文本"文本类型，它可以结合"动作"面板使用。

示例： 制作文本类型是"动态文本"的文本，使得动态文本的值不断地变化。

操作步骤：

（1）新建一个 Flash 文档，选中"文本工具"，在编辑区创建一个文本。在"属性"面板中设置文本类型为"动态文本"，实例名称为"ying"，如图 9-14 所示。

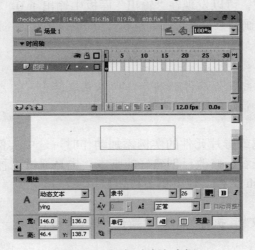

图 9-14　添加动态文本框

（2）执行"插入"/"场景"命令，插入场景。执行"窗口"/"设计面板"/"场景"命令，打开场景面板，在面板中把场景的名字改为"2"。在 2 中，创建一个简单的变形动画或者运动动画。

（3）选中图层 1 的第 1 帧，打开"动作"面板，在"动作"面板中输入代码，如图 9-15所示。

```
1 stop();
2 a=0;
3 trace(a);
4 do {a=a+1;
5 ying.text=a;
6 } while (a<=5)
7 gotoAndPlay("2",1);
```

图 9-15　代码

"stop()"是停止的意思。因为在添加动作的时候，选中的是帧，所以在这个示例中指的停止在第 1 帧，stop()没有参数。

注 意

虽然停止在第 1 帧，但是第 1 帧中的动作能执行。所以本例中，使用 stop()是为了不让场景自动切换。

"a=0"是给 a 赋初值。
"trace(a)"是在输出面板中输出变量 a。
接下来是一个 do…while 循环，当 a<=5 的时候执行 do 里面的语句。这里 a 可以得到 6。
"gotoAndPlay("场景",帧)"是转到某个场景的某一帧。在这里是指转到 2 的第 1 帧。

注 意

2 要用双引号引起来。

设置断点，进行调试，可以发现在"输出"面板中输出了 0，在文本框中依次显示了 1到 6，然后播放 2 中的动画。

注 意

因为只是为了说明知识点而做的演示，所以在实际中，文本框中的数字显示因为运行很快，并不能看得十分清楚。

当给按钮元件的实例或影片元件的实例添加动作时，选中实例，在"动作"面板中添加动作即可。如果想要查看、修改已创建好的脚本，也是通过这种方法实现。

示例：新建一个 Flash 文档，使得单击按钮显示。
操作步骤：
（1）新建一个 Flash 文档，执行"插入"/"新建元件"命令，新建一个影片元件"huanying"，如图 9-16 所示。

图 9-16　影片元件 huanying

（2）新建一个按钮元件"anniu"，3 个关键帧如图 9-17 所示。

（a）弹起　　　　　　　　（b）指针经过　　　　　　　（c）按下

图 9-17　按钮元件 anniu

（3）它场景中应用元件 huanying 和 anniu。选中 huanying 在"属性"面板中设置实例名为 yingpian，选中 anniu 在"属性"面板中设置实例名为 ansl。

（4）选中影片元件，打开"属性"面板，在"动作"面板中，书写如图 9-18 所示的代码。

在"动作"面板中的代码是区分大小写的，并且各种代码和符号都必须是在英文的输入方式下输入。

"on（rollOver）{ }"是指当鼠标滚动到影片元件上的时候，所要执行的操作。

"on（rollOut）{ }"是指当鼠标滑动到影片元件外的时候，所要执行的操作。还有一些其他的鼠标事件，如图 9-19 所示。

```
1  on (rollOver) {
2      setProperty(this._parent.ansl,_visible, false)
   ;
3  }
4  on (rollOut) {
5      setProperty(this._parent.ansl,_visible, true);
6  }
7
8
```

图 9-18　选中影片时的代码

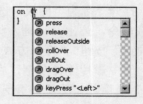

图 9-19　部分鼠标事件

"setProperty（this._parent.ansl,_visible,false）"是指设置按钮实例的可见性为不可见。"_visible"指的是按钮的可见性。"this._parent.ansl"是指场景中的按钮实例。根据不同的对象，当然这个路径也会不一样。

本示例的含义是当鼠标滚动到影片实例上时，隐藏按钮；当鼠标滑到影片实例的外面时，显示按钮实例。

注　意

可以在代码中添加解释语句。"//"用作解释程序行，它为编程的人提供了编辑复杂的、较长的程序时的方便；同时也能指导学习者更快地学习。

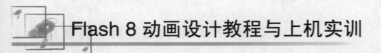

9.2 在动画中添加行为和组件

Flash 提供了"行为"和"组件"面板。"行为"面板包含了一些比较常用的行为,"组件"面板可以用来制作表单等动画。

9.2.1 利用行为面板为对象添加行为

"行为"面板的打开方式是执行"窗口"/"行为"命令。"行为"面板如图 9-20 所示,其中添加行为按钮是 ![add],删除行为按钮是 ![del]。行为是针对某个对象的行为,即想要添加行为,首先应该选定对象,也就是发生某个行为的是哪个对象。一个行为的最终完成,需要事件和动作两部分组成。

事件是指引起某个动作的起因。对象因为某事件,从而引发了某动作。

行为中的动作分为以下几个方面,如图 9-21 所示。下面介绍其中的 Web。

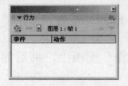

图 9-20 "行为"面板   图 9-21 行为

Web:为对象添加"转到 Web 页"动作。这是在动画中打开网页的重要方法。

示例:制作一个 Flash 文档,当单击文本"信箱"时,打开网站 http://www.163.com.

操作步骤:

(1)新建一个 Flash 文档,利用"文本工具"在场景的编辑区中写下"信箱"两个字。

(2)打开"行为"面板,选中文本"信箱",单击添加行为按钮,执行"web"/"转到 Web 页"命令,弹出对话框,如图 9-22 所示。在 URL 文本框中输入 http://www.163.com,单击"确定"按钮。"打开方式"下拉列表框设置网页的打开方式。

(3)选中影片元件实例,在"行为"面板中单击事件栏中的事件,在下拉菜单中选择"按下时"选项,如图 9-23 所示。当按下实例的时候,就会转到 http://www.163.com。

图 9-22 "转到 URL"对话框   图 9-23 设置事件

(4)选中实例,打开"动作"面板,如图 9-24 所示。

注意

除了链接到网页之外,还可以链接到 swf 文件等。一个对象可以有多个行为,一个对象的多个行为可以是相同的事件,也可以是相同的动作。

```
1
2  on (press) {
3
4     //Goto Webpage Behavior
5     getURL("http://www.163.com",
"_self");
6     //End Behavior
7
8  }
```

图 9-24　动画的源代码

9.2.2　利用组件面板创建表单元素

"组件"面板的打开方式是执行"窗口"/"组件"命令。组件面板如图 9-25 所示。其中 UI Components 如图 9-26 所示。

图 9-25　"组件"面板

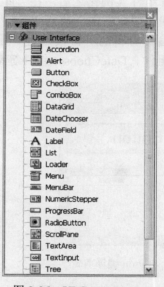

图 9-26　UI Components

（1）Button 组件：在动画中添加按钮组件。在"组件"面板中，用鼠标拖动 Button 组件到编辑区，如图 9-27 所示。选中组件的实例，"属性"面板如图 9-28 所示。在"属性"面板的右下角有两个选项卡，切换到"参数"选项卡，如图 9-29 所示。

图 9-27　Button 组件的实例

图 9-28　Button 组件"属性"面板

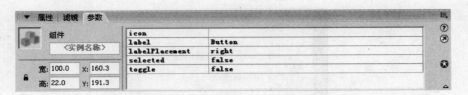

图 9-29　Button 组件"参数"选项卡

label 参数设置了按钮上的标签值。例如把 label 值改为"点击"，如图 9-30 所示。

图 9-30　label 取值为"点击"

当 Button 组件实例化之后，在"库"面板中就会自动产生如图 9-31 所示的编译剪辑。选中 Button 编译剪辑右击，执行"链接"命令，打开如图 9-32 所示的对话框。

Button 编译剪辑的"链接属性"是"为动作脚本导出"。其他如 CheckBox 组件、RadioButton 组件、DateChooser 组件等都是这种设置。

图 9-31　Button 编译剪辑

图 9-32　Button 编译剪辑"链接属性"

（2）CheckBox 组件：在动画中添加复选框。可以同时选中多个复选框。

在"组件"面板中，用鼠标拖动 CheckBox 组件到编辑区，如图 9-33 所示。选中组件，在"属性"面板中切换到"参数"选项卡，如图 9-34 所示。

图 9-33　CheckBox 组件的实例

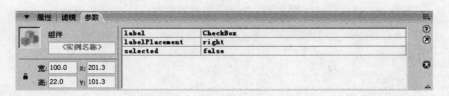

图 9-34　CheckBox 组件"参数"选项卡

label 参数的设置：单击 label 参数值文本框，设置标签值。例如把 label 值改为体育，如图 9-35 所示。LabelPlacement 参数的设置：LabelPlacement 参数设置标签放在选择框的哪一位置。当 LabelPlacement 取值为 left 时，效果如图 9-36 所示。selected 参数的设置。selected 参数设置这个复选框默认时是否被选中。

图 9-35　label 取值为体育　　　　　　　图 9-36　LabelPlacement 取值为 left

（3）RadioButton 组件：在动画中添加单选框。对于同一个组中的单选框只能选择一个。

（4）DateChooser 组件：在"组件"面板中选中组件，用鼠标拖动到编辑区中，如图 9-37 所示。在"属性"面板的左上角有 3 个选项卡，切换到"参数"选项卡，如图 9-38 所示。

图 9-37　DateChooser 组件的实例

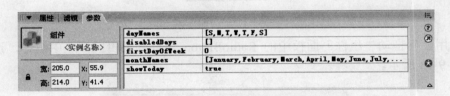

图 9-38　DateChooser 组件"参数"选项卡

dayNames 参数的设置：单击 dayNames 参数值文本框，如图 9-39 所示。在文本框的右方出现了一个查看按钮，单击查看按钮，弹出对话框，如图 9-40 所示。在对话框中设置从星期一到星期日的值。

图 9-39　dayNames 参数的设置　　　　　图 9-40　设置值

9.3 上机实训——组件的使用

1．实验目的
本实验将编写代码来提取组件所提供的信息。

2．实验内容
利用动态文本显示组件的属性值。实验效果图如图 9-41 所示。

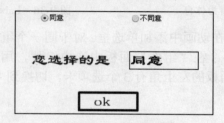

图 9-41　效果图

3．实验过程

实验分析：利用"直线工具"分离对象，利用"辅助线"辅助画出精确的圆。
实验步骤：

（1）新建一个 Flash 文档。新建按钮元件，命名为"按钮"，如图 9-42 所示。

图 9-42　按钮

（2）用鼠标拖动"组件"面板中的 RadioButton 组件到编辑区，选中组件，设置它的属性如图 9-43 所示。

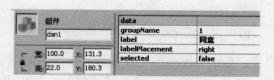

图 9-43　dan1 组件的属性

（3）重复步骤（2），在"属性"面板中设置属性如图 9-44 所示。

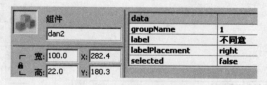

图 9-44　dan2 组件的属性

（4）使用"文本工具"在编辑区中写下"您选择的是"文本。
（5）使用"文本工具"在编辑区中创建动态文本框，如图 9-45 所示。

图 9-45 动态文本框属性

（6）选中按钮，在"动作"面板中输入如图 9-46 所示的代码。

```
1  on (rollOver) {
2      setProperty(this.dan1,_visible,true);
3      setProperty(this.dan2,_visible,true);
4  }
5  on (release) {
6      if (this.dan1.selected) {
7          this.dongtai.text=this.dan1.label
8  }else {
9  this.dongtai.text=this.dan2.label
10     }
11 }}
```

图 9-46 按钮元件中的代码

当在单选框中选好之后，单击 ok 按钮，这时在动态文本框中出现了选择的选项。

实验总结：通过本次的实验，使得学生熟悉组件的使用方法。

9.4 本章习题

一、填空题

1. 例举几个在表单中使用到的主要的组件_____、_____、_____、_____、_____。
2. 在 Flash 中可以使用_____ 产生超链接的功能。

二、选择题

1. 利用动作脚本不可以（ ）。
   A. 动态地控制影片　　　　　　　　B. 动态地控制按钮元件
   C. 实现人机交互　　　　　　　　　D. 绘图
2. 以下错误的是（ ）。
   A. 当给按钮元件的实例或影片元件的实例添加动作时，选中实例，在"动作"面板中添加动作
   B. Button 组件：在动画中添加按钮组件
   C. RadioButton 组件：在动画中添加单选框。对于同一个组中的单选框只能选择一个
   D. 一个对象只能有一个行为

三、判断题

1. "stop(1)"的含义是使得动画停止在第 1 帧。（ ）
2. 在 Flash mx pro 2004 的"动作"面板中代码不区分大小写。（ ）
3. "gotoAndPlay（123，1）"的写法是不正确的。（ ）

四、操作题

1. 请制作一个动画，使用按钮控制影片的显示和隐藏。
2. 请制作一个动态文本，使得它的值随着输入文本值的改变而改变。

笔 记 栏

第 10 章　Flash 的后期处理

学习目的与要求：

当 Flash 创建好了之后，接下来对创建的影片进行调试，检查有没有错误以及所做的效果是否符合自己的要求等。调试好影片之后，就可以对 Flash 进行导出和发布了。发布的影片可以直接用到网页等地方。

本章主要内容：

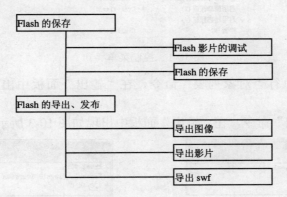

10.1　Flash 的调试和保存

当动画做完了之后，需要进行调试，然后保存好。

10.1.1　Flash 影片的调试

当做好动画之后，直接在编辑区进行预览。按回车键，从"播放指示条"处开始播放，这时再按回车键，播放停止在"播放指示条"所在的位置。它的优点是比较方便。

另外，利用鼠标直接单击时间轴中的帧，可以跳跃式地查看动画的每一帧。但是试听声音就有点困难。

执行控制菜单中的命令可以测试、调试动画等，如图 10-1 所示。

（1）"测试影片"：执行"控制"/"测试影片"命令可以测试动画。它的快捷键是【Ctrl+Enter】。

按【Ctrl+Enter】键测试影片，在测试窗口中，多了调试菜单。它可以在"输出"面板输出对象列表和变量列表。

示例：新建 Flash 文档，使得在"输出"面板输出对象列表和变量列表。

操作步骤:

① 新建一个 Flash 文档,使得文本由左向右做运动动画。

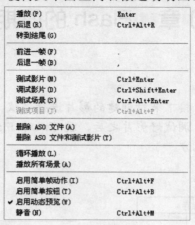

图 10-1 控制菜单

② 测试影片,并执行"对象列表"命令,在"输出"面板中出现如图 10-2 所示的信息。

③ 执行"变量列表"命令,在"输出"面板中出现如图 10-3 所示的信息。

图 10-2 对象列表

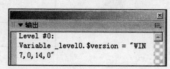

图 10-3 变量列表

(2)"调试影片":执行此命令后,弹出如图 10-4 所示的面板。也可以通过执行"窗口"/"其他面板"/"调试器"命令打开调试器。如果想停止调试,可以执行控制菜单中的"停止调试"命令。

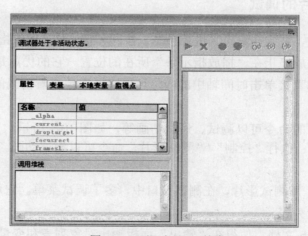

图 10-4 "调试器"面板

(3)"测试场景":可以测试动画中的场景。

执行"控制"/"播放所有场景"命令，当按回车键时，从播放指示条所在场景的帧，连续播放完后面的场景。而如果不执行"播放所有场景"命令，当按回车键时，只播放从播放指示条所在场景的帧到本场景结束。

（4）"启用简单帧动作"：选择这种方式，使得按回车键时，在编辑窗口中就可以实现在帧中所添加动作的效果。

如果在动画中间的某一关键帧中有 stop()等动作，在没有选择这种方式下，测试动画的时候，动作不能执行。

（5）"启用简单按钮"：选择这种方式，使得按回车键时，在编辑窗口中可以实现简单的按钮效果。

示例： 在编辑界面中测试公用库中的按钮。

操作步骤：

① 新建一个 Flash 文档，执行"窗口"/"公用库"/"按钮"命令。

② 在公用库中，单击 Arcade buttons 文件夹下的 Arcade button－blue 按钮，把它拖到编辑区中。

③ 双击编辑区中的按钮，进入按钮的编辑状态，选中颜色图层，利用"颜料桶工具"改变对象的颜色。

④ 执行"控制"/"启用简单按钮"命令。在编辑区中，鼠标悬浮在按钮之上，变为如图 10-5 所示的形状。

图 10-5 启用简单按钮

（6）"启用动态预览"：选择这种方式，在编辑区中的组件显示为如图 10-6 所示的图形。图 10-6 中是 Menu 组件。

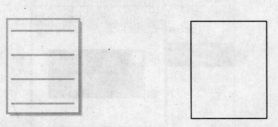

（a）启用动态预览　　　　　　（b）未启用动态预览

图 10-6 "启用动态预览"的使用

10.1.2　Flash 的保存

Flash 做好了之后，一定要保存。打开"文件"菜单，在"文件"菜单中有如图 10-7 所示的命令。"保存"命令是最基本的保存方式，保存时的文件扩展名为.fla，是 Flash 的源文件。"保存并压缩"命令对文件进行压缩。"另存为"命令可以把 Flash 文件以另外的名字保存一次，如果两次保存的位置不同，也可以以相同的名字保存。"另存为模板"命令可以把自己建好的 Flash 保存为模板。保存为模板时可以选择的类型如图 10-8 所示。

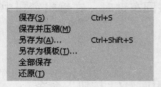

图 10-7　部分"文件"菜单命令　　　　　　　　　　图 10-8　保存为模板

示例：制作一个演示模板。

操作步骤：

（1）新建一个 Flash 幻灯片演示文稿，制作幻灯片。

（2）执行"文件"/"另存为模板"命令，这时在弹出的对话框中输入模板的名称，选择类别等，如图 10-9 所示。创建好的幻灯片演示文稿如图 10-10 所示。

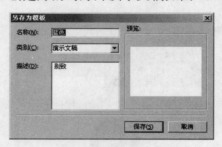

图 10-9　"另存为模板"对话框

（3）执行"文件"/"新建"命令，选择"从模板建立"选项，在演示文稿中，多了用户自己添加的模板，如图 10-11 所示。

图 10-10　另存为模板之后

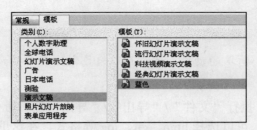

图 10-11　从模板新建

注 意

在使用模板时，模板中原有的内容可以修改。

10.2　Flash 的导出、发布

当对一个 Flash 文件测试无误之后，接下来就需要保存好无误的文件。提倡大家在制作动画的过程中就不断地按【Ctrl+S】键保存。

Flash 可以导出图像、影片等。

10.2.1　导出图像

执行"文件"/"导出"/"导出图像"命令，可以把动画中的某一帧导出为图像。

示例：制作一个简单的动画，然后导出其中的一帧为图像。

操作步骤：

（1）新建一个 Flash 文档，制作一个从五角星变成圆形的变形动画，分别选中五角星和圆形，执行"柔化填充边缘"命令，可以使用"对齐"面板等，使对象冲齐，最终如图 10-12 所示。

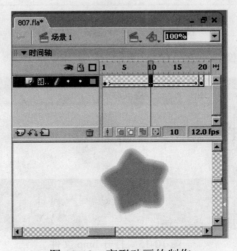

图 10-12　变形动画的制作

注 意

这里只制作了一个简单的动画，读者可以自己做出复杂的动画，然后导出图像。

（2）选中第 10 帧，执行"文件"/"导出"/"导出图像"命令，选择保存路径及保存类型，如图 10-13 所示，可以选择 bmp、gif、jpg 等格式，在这里选择 bmp，单击"保存"按钮，弹出对话框，如图 10-14 所示。设置好之后，单击"确定"按钮。

图 10-13　导出图像

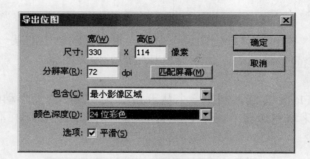

图 10-14　"导出位图"对话框

（3）打开保存好的图像，如图 10-15 所示。

图 10-15　打开 bmp 文件

10.2.2　导出影片

执行"文件"/"导出"/"导出影片"命令，在弹出的对话框中选择扩展名.swf。给文件起一个名字，单击"保存"按钮，弹出如图 10-16 所示的对话框。按照个人的需要进行合适的设置，单击"确定"按钮。

例如当选中"压缩影片"复选框时，可以在影片导出的时候压缩一下，此外还可以设置声音的压缩等。

10.2.3　Flash 的发布

创建好文件之后，执行"文件"/"发布设置"命令，弹出如图 10-17 所示的对话框。当选择不同的发布类型的时候，在对话框中就会出现不同的选项卡。

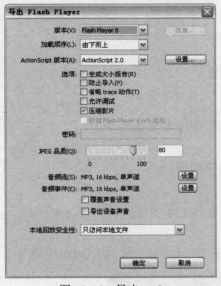

图 10-16　导出 swf

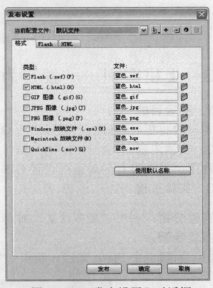

图 10-17　"发布设置"对话框

示例：对于 10.3.1 节中的示例，发布为 HTML 类型。

操作步骤：

（1）打开 10.3.1 节中创建好的示例。

（2）执行"文件"/"发布设置"命令。

（3）在格式选项卡中选择 Flash 和 HTML 类型。

（4）在"文件"文本框中设置保存的路径。

（5）打开 HTML 选项卡，进行如图 10-18 所示的设置。

> **注　意**
>
> "尺寸"设置的是影片的尺寸。"窗口模式"在利用 Dreamweaver 编辑网页中的动画的时候，比较有用。这将在后面的相关章节中介绍。

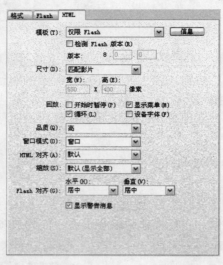

图 10-18　设置值

10.3　上机实训——发布为 GIF 图像

1．实验目的

本实验将把制作好的动画导出为 GIF 图像，图像中的对象是运动的。

2．实验内容

利用"发布设置"对话框设置 GIF 中的对象是运动的。

3．实验过程

实验分析： 利用"发布设置"对话框对将要发布的 GIF 图像进行一些设置。

实验步骤：

（1）新建一个 Flash 文档，制作一个线条变化的变形运动动画，如图 10-19 所示。

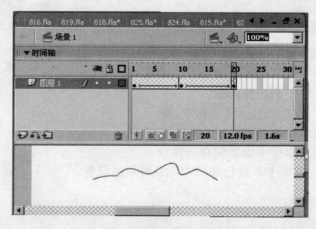

图 10-19　变形动画

（2）执行"文件"/"发布设置"命令，在对话框中选择 Flash 和 GIF 格式。

（3）在 Flash 选项卡中选中"防止导入"复选框，这时"密码"文本框变为可用，设置密码。

（4）在 GIF 选项卡中，"回放"选择"动画"选项。单击"发布"按钮。打开发布的 GIF，可发现里面的线条是运动的。

（5）在另一个 Flash 文档中导入在本实验中创建的影片，弹出如图 10-20 所示的对话框。单击"取消"按钮之后，弹出如图 10-21 所示对话框。

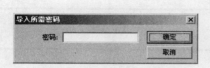

图 10-20　导入受保护影片

图 10-21　导入时需要密码

实验总结：通过了本次的实验，培养学员的保护意识，以及练习如何保护自己的文件。

10.4　本章习题

一、填空题

1．文件发布时，可以发布为_____、_____、_____、_____、_____等。

2．文件导出时，可以导出为_____、_____。

二、选择题

1．按（　　）键测试影片。

　　A．Ctrl+Enter　　　　　B．Alt+Enter　　　　C．Ctrl+Alt　　　　D．Enter

2．以下错误的是（　　）。

　　A．Flash 可以导出为位图

　　B．Flash 可以导出为图像

　　C．Flash 可以导出为 swf 文件

　　D．Flash 可以导出为影片

三、判断题

1．在模板的类别中包含"Flash 文档"类别。（　　）

2．Flash 可以发布为 PPT 类型。（　　）

四、操作题

1．请制作一个这样的动画，动画只有 1 帧，并且第 1 帧中是一个影片元件，在影片元件中有变形动画。做好之后，导出 bmp 图像。

2．制作一个动画，导出为 avi 视频。

第 11 章　Flash 在网页制作中的应用

学习目的与要求：

当前 Flash 在网页中的应用是最为广泛的，Flash 可以制作一些动画，然后再由其他的程序把动画插入到网页上，例如 Dreamweaver；此外，还可以制作整个页面。网页中的文本、图片、音乐、超链接、表单等都能在 Flash 中找到实现相同功能的方法，同时 Flash 又具有可以制作出美观、复杂动画的能力，所以现在用 Flash 来做整个页面也相当常见。

本章主要内容：

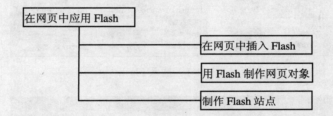

11.1　Flash 在网页制作中的具体应用

在网页中除了有文本、图片、音乐等对象外，还有最为重要的超链接、表单等，有的网页还使用框架。下面简要地介绍 Flash 的插入及在网页中的几种功能。

11.1.1　在网页中插入 Flash

当做好动画之后，可以直接发布为 html 文件。执行"文件"/"发布设置"命令，在 HTML 选项卡中对发布进行设置。

在 Dreamweaver 中插入动画。启动 Dreamweaver 软件，执行"插入"/"媒体"/"Flash"命令，找到要插入的 swf 文件，单击确定之后，如图 11-1 所示。

在 Dreamweaver 中可以设置动画的背景颜色，可以直接缩放动画的大小。

示例：利用 Dreamweaver 打开 Flash 发布的 html 文档，并进行编辑。

操作步骤：

（1）使用 Flash 制作一个动画，并发布为 html 文档。在 Flash 中的效果如图 11-2 所示。

（2）在 HTML 选项卡中，设置窗口模式下拉列表框选择"不透明无窗口"选项，单击"发布"按钮。

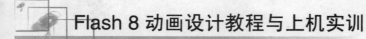
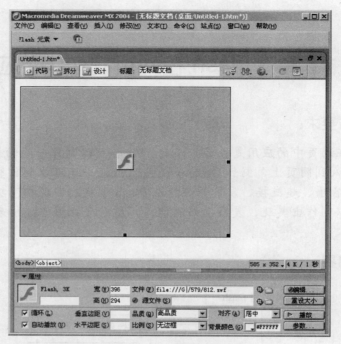

图 11-1　插入 Flash

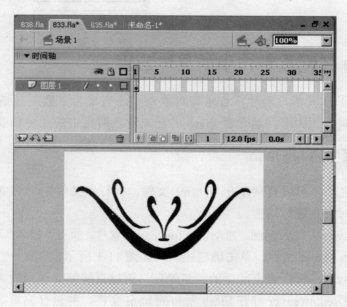

图 11-2　效果图

（3）打开 Dreamweaver，在 Dreamweaver 中打开发布好的 html 文档。在 Dreamweaver 中执行"修改"/"页面属性"命令，在弹出的对话框中设置网页的背景为红色，如图 11-3 所示。

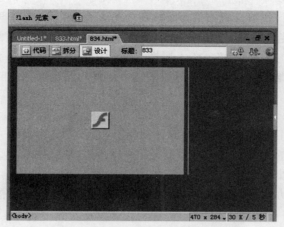

图 11-3　在网页中插入 Flash 动画

（4）执行"文件"/"保存"命令保存，并按【F12】键预览，如图 11-4（a）所示。可以发现动画的白色背景存在。如何去掉这个白色背景，让它显示网页的背景颜色呢？

（5）在 Flash 发布设置对话框中的 HTML 选项卡中设置窗口模式为"透明无窗口"。单击"发布"按钮。这时再用 Dreamweaver 打开，同样设置页面背景为红色，按【F12】键预览，效果如图 11-4（b）所示。动画的白色背景已经没有了，在原来的动画的白色背景的位置，显示出了网页的背景颜色。

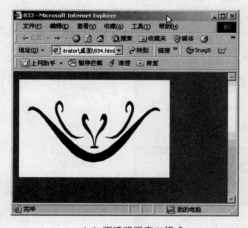

（a）不透明无窗口模式　　　　　　　　　　　　（b）透明无窗口模式

图 11-4　在 IE 中预览

11.1.2　利用 Flash 制作网页对象

Dreamweaver、Frontpage 都可以制作网页，在这样的方式下创建的网页中，含有各种各样的对象，如果要在 Flash 中实现相同的功能，应该如何做？下面简单介绍一下。

插入文本对象。在网页中文本是一种较重要的传递信息的方法，在 Flash 中可以使用"工具"面板中的"文本工具"创建文本信息。这些文本在 Flash 中可以被放到任意的位置。

插入图片对象。在网页中插入图片可以帮助清楚地传达信息。在 Flash 中既可以利用"工具"面板等制作矢量图，也可以直接通过"导入"命令导入图像。对于导入的图像可以再编辑。

插入表单元素。当需要客户端与服务器端进行交互的时候，通常用到输入文本框等。在 Flash 中可以使用"文本工具"，在"属性"面板中设置文本类型为"输入文本"或"动态文本"；当需要设置选择框的时候，可以使用"组件"面板中的 CheckBox 和 RadioButton 组件，此外在"组件"面板中还有按钮等组件供使用。

使用超链接元素。超链接的使用是网页之间连接的重要方法。在 Flash 中可以使用 getUrl 实现文件之间的链接，参考第 9 章。

使用框架元素。在网页中有一种非常重要的布局方法——框架。在 Flash 中应该如何实现这种功能呢？可以通过加载外部影片的方法实现。

示例： 制作一个动画，实现在动画执行过程中，加载外部影片的功能。

操作步骤：

（1）新建一个 Flash 文档。在制作动画的过程中，需要一个外部的影片文件，可以在动画中创建一个影片剪辑，然后把影片剪辑导出为 Flash 影片。

（2）新建一个影片剪辑，命名为"外部"。进入它的编辑状态。图层 2 中是一个正方形由小变大，如图 11-5、图 11-6 所示。

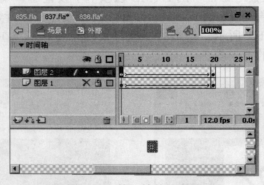

图 11-5　第 1 帧的正方形

图 11-6　第 20 帧的正方形

（3）图层 1 中是一个影片元件从大变小。它的制作方法是从外部导入图像，把图像转换为影片元件，如图 11-7、图 11-8 所示。设置图层 2 为遮罩层。选中第 10 帧，如图 11-9 所示。

图 11-7　第 1 帧的元件实例

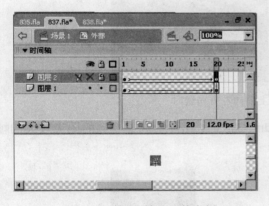

图 11-8　第 20 帧的元件实例

图 11-9　影片的第 10 帧

（4）选中元件"外部"右击，执行"导出 Flash 影片"命令。导出影片的名称为"waibu.swf"。

（5）新建一个按钮元件。制作时首先导入一幅图像，然后转换为按钮元件，如图 11-10 所示。

图 11-10　按钮元件

（6）新建一个影片元件。制作时首先导入一幅图像，然后转换为影片元件，命名为"内"，如图 11-11 所示。

（7）切换到场景中，拖入按钮元件和"内"元件到编辑区中。选中"内"元件的实例，设置实例名为"原",选中按钮元件,打开动作面板,输入如图 11-12 所示的代码。

```
1  on (keyPress "<Left>") {
2  loadMovie("waibu.swf",_root.原);
3      _root.原._height=400;
4      _root.原._width=400;
5  }
6  on (release) {
7      unloadMovie(_root.原);
8
9  }
```

图 11-11　影片元件　　　　　　　　　　图 11-12　选中按钮时的代码

（8）测试动画。加载 waibu.swf,替代了"原"实例,当单击按钮的时候,卸载加载的影片,如图 11-13 所示。

图 11-13　按键盘上的向左方向键时

（9）当_root.原._height=200,_root.原._width=200 时,影片中能够看到的图像较大的帧,在改为 200 后变小了,如图 11-14 所示。

图 11-14　设置影片高和宽为 200

"on（KeyPress '<Left>'）"指当按键盘上的向左方向键时,触发行为。

"loadMovie（url,目标）"指加载 url 指定的影片,替代目标指定的影片剪辑。在这里是指加载与源文件同目录的 waibu.swf 文件,替代动画中的"原"文件。

"_root.原._height=400"在这里的作用是设置加载后影片的高度。

"_root.原._width=400"在这里的作用是设置加载后影片的宽度。

"unloadMovie（_root.原）"在这里是指卸载加载的影片文件。

11.2 上机实训——爱护动物

1．实验目的

本实验将通过利用 Flash 制作网页，让学员熟悉制作的过程及如何制作一个简单的页面。

2．实验内容

在制作网页的过程中，应用到了元件的制作，"动作"面板的使用等知识。

3．实验过程

实验分析：先利用 Flash 制作好动画，然后发布为 html。动画是由两个场景组成的，分别是"首页"和"场景 2"，在首页中主要是单击按钮实例"huanying"，从而转到场景 2，进入场景 2 之后，通过 3 个影片剪辑来实现效果。

在整个动画中利用 setProperty()设置按钮的属性，loadMovie()加载影片，unloadMovie()卸载影片，gotoAndPlay()切换场景等。

实验步骤：

（1）新建一个 Flash 文档，执行"插入"/"场景"命令，新建一个场景，打开"场景"面板，场景 1 重命名为"首页"。为了介绍方便，下面还是称呼"首页"场景为场景 1。设置 Flash 的背景为红色。

（2）在场景 1 中新建一个图层，两个图层分别命名为"文本"和"背景"。

（3）新建一个按钮元件，命名为"jinru"，它在弹起、指针经过、按下 3 个关键帧中的状态如图 11-15 所示。本网页以红色、白色、黑色为主。弹起时，按钮的边框是白色，填充是黑色，文本是白色。指针经过时，颜色设置相同，按下时，填充设置为绿色或其他颜色。

（a）弹起　　　　　　　　（b）指针经过　　　　　　　（c）按下

图 11-15　jinru 按钮

（4）从库中拖动 jinru 按钮到场景 1 的文本图层中，设置实例名称为 huanying；利用"工具"面板在文本图层中制作背景图形，如图 11-16 所示。

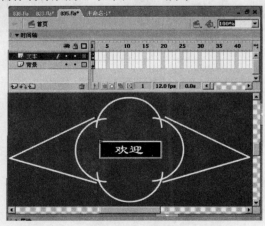

图 11-16　首页

（5）选中文本图层或背景图层，打开"动作"面板，输入"stop();"。目的是不让动画自动切换到场景 2。

（6）选中文本图层中的 huanying 按钮实例，在"动作"面板中输入如图 11-17 所示的代码。实现当单击按钮的时候，设置按钮的可见性为不可见，同时转到场景 2 的第 1 帧。

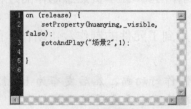

图 11-17　huanying 按钮实例上的代码

（7）切换到场景 2。新建一个图层，总共两个图层分别命名为 "dongwu"和"背景"。

（8）把场景 1 中的背景层中的对象复制一下，切换到场景 2，选中背景图层，执行"编辑"/"粘贴到当前位置"命令。选中粘贴过来的对象，转换为影片元件，命名为"Beijing"。进入 beijing 的编辑状态，然后把 beijing 中的对象再转换为图形元件，使其在 beijing 影片中实现透明度逐渐降低，最后透明度为 0 的效果，如图 11-18 所示。

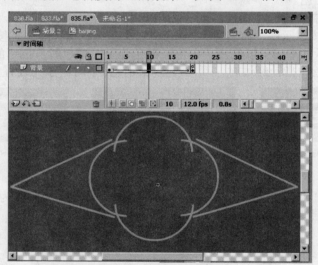

图 11-18　beijing 影片

（9）选中 beijing 影片的最后一帧，输入"stop();"代码。

（10）选中场景 2 的 dongwu 图层，放入 dongwu 影片剪辑。dongwu 影片剪辑的内容如图 11-19、图 11-20 所示。小鸡的图像由小变大。

（11）大家看到的小鸡的图像是一个影片元件，选中第 20 帧处的小鸡影片剪辑，在"动作"面板中输入如图 11-21 所示的代码。

（12）选中 dongwu 影片剪辑的最后一帧，输入代码"stop();"。

注　意

代码中出现的实例名将在后面介绍。

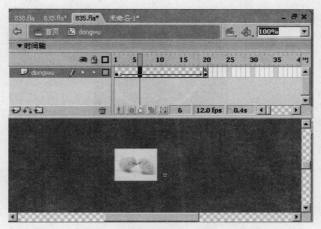

图 11-19　dongwu 影片的第 6 帧

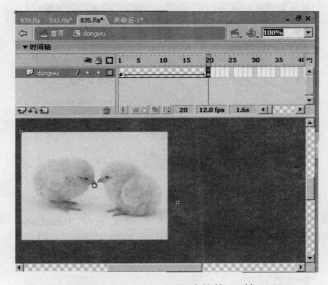

图 11-20　dongwu 影片的第 20 帧

```
1  on (rollOver) {
2      loadMovie("jiazai.swf",_root.daiti
   );
3
4  }
5  on (rollOut) {
6      unloadMovie(_root.daiti);
7
8  }
```

图 11-21　小鸡元件实例上的代码

（13）接下来做替代的影片剪辑，即加载进来的 swf 文件置换出来的那个影片剪辑。

（14）新建影片剪辑，命名为"替代"，它的内容是一个圆，如图 11-22 所示。把它放到场景 2 中的 dongwu 图层中，实例的名称为"daiti"，如图 11-23 所示。

图 11-22　替代元件

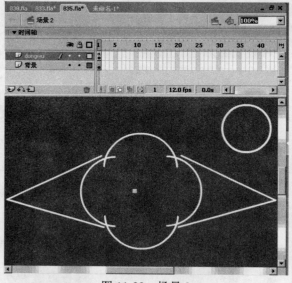

图 11-23　场景 2

（15）制作加载的影片。读者可以根据个人需要制作 jiazai.swf 文件。笔者制作的 jiazai.swf 是一个遮罩动画，各种动物的图片在小熊的肚子上——滑过，如图 11-24、图 11-25 所示。

图 11-24　jiazai.swf 的第 1 帧

图 11-25 jiazai.swf 的第 5 帧

（16）通过执行"文件"/"发布设置"命令发布动画为 html 文件。

实验总结：通过了本次的实验，学员应能够利用 Flash 制作简单的网页。

11.3 本章习题

一、填空题

1. 网页中的框架利用 Flash 制作，具体做法是：_____。

2. LoadMovie()的功能是_____。

3. 用 Flash 制作网页，可以制作_____、_____。

二、选择题

以下错误的是（　　）。

A. 当需要客户端与服务器端进行交互的时候，通常用到输入文本框等。在 Flash 中可以使用"文本工具"，在"属性"面板中设置文本类型为"输入文本"或"动态文本"

B. 当需要设置选择框的时候，可以使用"组件"面板中的 CheckBox 和 RadioButton 组件

C. 在 Flash 中可以使用 getUrl 实现文件之间的链接

D. gotoAndPlay ( )是切换图层

三、判断题

1. 用 Dreamweaver 制作的网页和 Flash 制作的网页完全一样。（　　）

2. 在网页中可以插入 Flash。（　　）

四、操作题

1. 用 Flash 制作一个网页，包含超链接、图片、影片剪辑元件。

2. 请利用 Flash 制作一个完整的站点。要求至少有 3 个页面，其中要实现超链接的功能，要实现场景的跳转。

笔记栏